你不懂面包

日本面包推广协会 著　郭清华 译

U0344684

江苏凤凰文艺出版社
JIANGSU PHOENIX LITERATURE AND
ART PUBLISHING LTD

有料、有趣、还有范儿的面包知识百科

你不懂面包

日本面包推广协会 著

郭清华　译

江苏凤凰文艺出版社
JIANGSU PHOENIX LITERATURE AND
ART PUBLISHING, LTD

图书在版编目 (CIP) 数据

你不懂面包 / 日本面包推广协会著；郭清华译 . --
南京：江苏凤凰文艺出版社，2016（2024.6 重印）
ISBN 978-7-5399-9270-9

Ⅰ . ①你… Ⅱ . ①日… ②郭… Ⅲ . ①面包—制作
Ⅳ . ① TS213.2

中国版本图书馆 CIP 数据核字 (2016) 第 102339 号

版权局著作权登记号：图字 10-2016-192

书　　　名	你不懂面包
著　　　者	日本面包推广协会
译　　　者	郭清华
策　　　划	快读·慢活
责 任 编 辑	王昕宁
特 约 编 辑	周晓晗
出 版 发 行	江苏凤凰文艺出版社
出版社地址	南京市中央路165号，邮编：210009
出版社网址	http:// www.jswenyi.com
印　　　刷	天津联城印刷有限公司
开　　　本	880毫米×1230毫米　1/32
印　　　张	5.25
字　　　数	100千字
版　　　次	2016年9月第1版
印　　　次	2024年6月第13次印刷
标 准 书 号	ISBN 978-7-5399-9270-9
定　　　价	48.00元

江苏凤凰文艺版图书凡印刷、装订错误，可向出版社调换，联系电话025-83280257

序 | Introduction

更加享受面包乐趣的时代!
依照喜好或当下的时间，选择面包

小麦及黑麦都是极为单纯的谷物，却能烘烤出风味复杂而奥妙的面包。面包可说是当今众多谷物加工品中，发展度最高的食品了。现代人拥有丰富的食材，过着多彩的饮食生活，能够依照自己的喜好或当下的时间，随心所欲地搭配料理与饮料，怀着愉快的心情，选用适当的面包，并思考如何搭配食物。面包除了是食品外，也是让饮食更添乐趣的重要角色。

为了让您更加了解面包、更能享受到面包的美味，书中介绍了种种内容：怎么吃面包、如何选择适时的面包、世界各国的特色面包和面包的基本做法等等，从各个角度彻底了解面包的魅力。

面包的吃法或面包带来的乐趣当然不是"一成不变"的，因为依照每一个人的好恶或食用面包的情境，有不同的吃法或是能够享受到不同的乐趣，这就是面包的最大魅力！如果本书介绍的内容能成为您享受面包乐趣的原因及选择面包时的考虑的因素之一，那将是我们最大的荣幸。

目 录

序

更加享受面包乐趣的时代！
依照喜好或当下的时间，选择面包

附录

Part 1

再次发现日常面包的美味

让平常吃的
面包变得
更好吃

佐餐面包是指搭配着料理吃的面包。法国
面包、黑麦面包、贝果等，都是佐餐面包。
这里要介绍的是可以让一般常吃的佐餐面
包变得更好吃，让人意想不到的"面包伙
伴"。一起来发现佐餐面包的新滋味吧！

松软温和
的滋味

佐餐面包

烘烤、铺放、夹入
松软口感，怎么吃都好吃

最基本的佐餐面包，便是吐司了。吐司的最大优点就是没有独特的味道，很容易搭配其他料理；例如，只是简单涂抹上一层黄油就很好吃；在两片吐司里夹着火腿或蛋、蔬菜等食材做成三明治也很棒；在吐司上抹番茄酱，铺放奶酪后再烤，则是美味的吐司披萨。

吐司有"方形"和"山形"两种不同的形状。吃的时候最好配合吐司的特征，决定不一样的吃法。所谓吐司的特征，是指切片的厚度。不一样厚度的吐司会带来不一样的口感，从而衍生出许多吃法。切成薄片的吐司吃起来有松脆的口感，厚片吐司则有绵密松软的口感。请随着喜好选择适合的吐司，找到自己喜欢的吃法吧！

方形吐司

面团放入模型后盖上盖子烘烤，就可以烤出漂亮的方形吐司了。

外皮厚度均匀，颜色漂亮，散发出可口的香味。

内层非常细密，温润而软绵，用手轻轻一撕可以撕成薄片，几乎能够溶于口中。

温润柔软，适合搭配各种食材

蛋或火腿是最常见的吐司伙伴，但许多和风食材竟也意外地和吐司非常搭（参阅 p.4）。随个人的喜好，只是单吃吐司的话，味道也很好。

建议吃法

厚片吐司稍微烤过之后，更能凸显吐司心的柔软绵密口感。另外，切掉吐司边做成的三明治，不仅口感更加温润，夹在里面的食材也更能与吐司融合在一起。

山形吐司

上层的皮烘烤得酥脆且香气四溢。

因为烘烤的时候不盖盖子，所以面团会像山一样隆起。

烤后更增加上层硬皮的香味

经过烘烤后，上层的硬皮不仅更香，也变得酥酥脆脆。英国人喜欢把山形吐司切成 7~8mm 厚的薄片后烘烤，享受吐司酥脆口感。

建议吃法

烘烤得刚刚好的山形吐司吃起来又酥又脆，确实是一大享受。黄油或蜂蜜是它的好搭档。可以在一片吐司上铺食材，做成单片三明治，也可以在两片吐司之间夹入培根、莴苣、番茄，做成烤吐司三明治。

烘烤的时候，因为面团会纵向伸长，肌理变粗，所以口感比较松，没有方形吐司那么绵密。

和吐司意外相搭的和风食材

吐司的味道单纯，很适合搭配各种食材或熟食。
来试做几种好吃的单片三明治吧!

在厚 20mm 的方形吐司上涂
芥末蛋黄酱，然后铺上生菜和
马铃薯泥，最后再加鳕鱼子酱
(市售的做意大利面用的鳕鱼
子酱即可)。

鳕鱼子酱色拉

小鱼&绿紫苏叶

在厚 15mm 的山形吐司上涂
抹搅拌过的柚子胡椒与蛋黄
酱，再铺上小鱼与混合奶酪，
最后撒上切成细丝的绿紫苏
叶，就大功告成了。

厚度不一样，享受到的口感也就变得不同

四片装 (约 30mm)

五片装 (约 24mm)

六片装 (约 20mm)

八片装 (约 15mm)

十片装 (约 12mm)

十二片装 (约 10mm)

十四片装
(三明治用，约 8 ~ 9mm)

即使经过烘烤，
面包心仍然柔软

因为厚度足够，烤过之后仍可以维
持内层的温润。这样的切片吐司可
以同时享受到外皮的酥脆感与内层
的绵密柔软感。如果是厚片的方形
吐司，不用再烤，直接吃也很好吃。

献给喜欢酥脆、
松松口感的人

面包刚出炉时，最能享受到酥脆口
感，喜欢酥松口感的人绝对不可错
过! 面团的分量轻，适合拿来做三
明治。

做成三明治时
特别能凸显食材特色

配合夹入的食材味道或分量，试着
改变吐司的厚度。如果食材味道重，
分量多，建议使用较厚的吐司(八
片装或十片装)，让食材与面包取
得平衡。

豆腐&味噌蛋黄酱

混合 1 : 1 的味噌与蛋黄酱涂抹在厚 15mm 的山形吐司上，再铺放烤得恰到好处的木绵豆腐，撒上混合奶酪丝，放进烤箱烤到奶酪溶化。完成后再撒上葱花、白芝麻。

在厚 20mm 的方形吐司上涂抹芥末蛋黄酱，铺放烤海苔、酱油口味烤好的鱼肉山芋饼。趁鱼肉山芋饼还热时涂抹黄油，撒上葱花再食用。

烤海苔&鱼肉山芋饼

和风金枪鱼色拉

把梅子蛋黄酱（混合梅子泥与蛋黄酱）涂抹在厚 20mm 的方形吐司上，先铺绿紫苏叶，再铺上和风金枪鱼色拉（用蛋黄酱与酱油拌金枪鱼、腌渍菜、小黄瓜丝等等做成的沙拉），最后撒海苔丝做装饰。

金平牛蒡丝&温泉蛋

厚 15mm 的山形吐司烘烤后，涂上蛋黄酱，再铺上生菜、金平牛蒡丝、温泉蛋，最后撒七味辣粉。

酥脆外皮的魅力！

法国面包

棍子形、圆形、大小各异，
能满足享用者的乐趣

法国面包有棍子形、圆形等种种形状，且有各种大小，依据形状或大小的不同，酥脆外皮与软绵内层的比率，也会随之改变。

例如：较细长或体积较小的法国面包，魅力在于酥脆外皮的耐嚼口感；反之，粗胖、体积大的面包魅力则在软绵、细腻的口感。

另外，法国面包在"凉了"的时候最好吃。刚刚烤出炉的热腾腾法国面包，在常温下自然冷却后，不管是香气还是口感，都是最棒的。

喜欢咬起来"卡滋、卡滋"的酥脆外皮！

棍子

长笛

蘑菇

对喜欢有着酥脆外皮，咀嚼起来特别香的人来说，这三种法国面包是非常棒的选择。这类面包的外皮比率稍微高于内层的比率，绝对可以满足喜欢酥脆口感的人。

喜欢外皮酥脆，内层软绵的面包！

短棍

切痕

胖胖的短棍面包或偏圆的椭圆形切痕面包，是同时可以享受到香酥的外皮与柔软内层的面包。

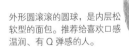

喜欢内层膨松的面包！

圆球

外形圆滚滚的圆球，是内层松软型的面包。推荐给喜欢口感温润、有Q弹感的人。

棍子面包的形状会因店家而不一样吗？

　　法国面包的形状、长度、烘烤前重量、割痕的刀数，原本都有严格的规范，并且会因规范的不同，决定面包的名字。例如棍子面包上的割痕刀数为7~9刀，重量是350g。

　　但是，最近因为对于面包造型的要求与面包师傅的讲究，原有的限制似乎已经有所变化。

法国面包"凉了"最好吃

直接吃

4cm

**把棍子面包斜切成 4cm 厚的块状，
容易撕成一口大小**

棍子面包出炉后，在常温下自然放凉后的状态最好吃。外皮酥脆，内层温润绵细。另外，棍子面包最好在出炉后的六小时内吃完。

搭配食材享用

鲑鱼&
刺山柑

蛋色拉
&橄榄

烤牛肉
&奶酪

1cm

**面包切成约 1cm 的薄片，
做成加料吐司**

面包放一阵子后，内层的松绵感稳定了，比较容易切成薄片，切口会变漂亮。稍微再烤一下，能够凸显面包的酥脆感。

加热时，
一定要喷水

**补充水分后
再放入烤箱**

因为是不加油脂烤出来的，所以法国面包很容易干燥。再加热时，一定要用喷水器喷湿，再放入预热了十分钟的烤箱内，很快地再烤一下。

冷冻时要小心

**就算放入冷冻库中保存，
也要在三周内吃完**

面包切成适当大小后，用保鲜膜紧紧密地包起来，再放入密封袋中，抽掉袋内的空气，放进冷冻库保存。放进家用冰箱的面包，保存期限是三周。

变硬的法国面包也可以很好吃

干燥变硬的法国面包摇身变为充满奶油香味的圆盅料理。
浸过牛奶的面包入喉时感觉特别滑顺。

奶油蘑菇面包圆盅

材料（两盅份）

棍子面包	50g
洋葱	1/4 个
洋蘑菇	30g
杏鲍菇	30g
培根	30g
橄榄油	1 大匙
牛奶	1 杯
鲜奶油	1 大匙
盐	适量
黑胡椒	适量
蛋	2 颗

作法

1. 洋葱剁碎，洋蘑菇与杏鲍菇切碎成小块，培根切细。
2. 在小锅中热橄榄油，然后把 1 放进锅内炒。
3. 把牛奶倒入 2 中，再放入掰成小碎块的棍子面包，转弱火，煮到面包软烂。加入鲜奶油、盐、胡椒调味。
4. 把 3 放进圆形烤盅内，打入两颗蛋，然后盖上铝箔纸，放进烤箱中蒸烤至蛋半熟。从烤箱拿出来后，撒一点黑胡椒即完成。

特殊酸味
令人上瘾

黑麦面包

根据加入的黑麦比率，
面包会呈现不同的颜色、香气和口感

　　黑麦面包看起来沉甸甸的，质地相当扎实。由于黑麦有独特的风味与口感，再加上制作黑麦面包时不可少的酸酵头的特有酸味，是属于很有个性的面包，有些人非常喜欢，有些人却不太能接受。不过，在制作过程中，当黑麦和小麦的比率有变化时，黑麦面包的口味也会产生变化，这也是魅力所在。

　　让黑麦面包更好吃的秘诀，就是依照所含的黑麦比率来决定切片的厚度，此外和黑麦面包搭配的食物味道要重，不能过于清淡而输给面包风味。

依照黑麦的比率，改变面包的吃法

黑麦
占比

黑麦用量少，面包的风味与酸味圆润顺口

初尝者也能轻易接受的黑麦面包（参阅 p.79）。因为减少了黑麦的用量，所以黑麦的独特风味与酸味较不明显，而容易入口。

49%
以内

建议 吃法	切成 10mm 厚的面包片。淡淡的酸味若有似无，吃起来和一般面包一样，适合搭配各种食物。

虽然有酸味，却不难入口

全黑麦面包（参阅 p.79）是使用黑麦多于小麦的面包，可以吃到黑麦的独特风味。因为黑麦比率高，会带来比较沉重的分量感，及明显的酸味。

50
~
89%

建议 吃法	因为较有分量感，切成 8mm 厚的面包片，较易入口。可以涂抹黄油、加上火腿或原味奶酪片等味道温和的食物食用。

完全享受黑麦的厚重风味与香气

全黑麦面包或全粒黑麦面包（参阅 p.78），是使用 90%~100% 黑麦制作的面包。分量感沉重，质地非常扎实，且有独特风味，适合重度面包爱好者食用。

90
~
100%

建议 吃法	适合切成 6mm 的薄片。可以与重口味奶酪（蓝纹奶酪或洗浸奶酪），或酸奶油、腌渍肉类、香料等做搭配，一起食用。

---

column

黑麦面包为什么会酸？

很多人都有"黑麦面包=酸面包"的想法，但是，为什么黑麦面包是酸的呢？

其实，黑麦面包的酸味来自让面包发酵的酸酵头。酸酵头除了会带来酸味外，还会让面包有着乳酸菌或醋酸菌等丰富而深沉的风味，这正是黑麦面包迷人的要素。

黑麦本身

没有酸味

习惯黑麦的独特风味，找出美味吃法

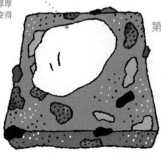

在 8~10mm 切片的黑麦面包上涂抹厚厚的黄油，让酸味变得圆润。

Step 1

第一次吃黑麦面包时，选择加了干水果粒或坚果的类型

还不习惯黑麦面包的香气和酸味的人，最好从黑麦比率低，并且其中有干水果粒或坚果的黑麦面包开始吃起。花生的浓香与水果的甜味，让黑麦面包更容易入口。

Step 2

搭配果酱与奶酪

初次尝试全黑麦面包时，如果不能习惯酸味，不妨试着在面包上涂抹酸酸甜甜的果酱或黄油，可以掩盖面包的酸味，让面包容易入口。把奶酪涂抹在黑麦面包上，也是很不错的吃法。有酸味的黑麦面包加上味道浓郁的奶酪，会产生不一样的美味。

选择味道重的奶酪

味道重的奶酪与香味或酸味强的黑麦面包是好搭档。请选择香味强烈、咸味重的奶酪来搭配。

- 洗浸奶酪
- 蓝纹奶酪
- 羊奶酪

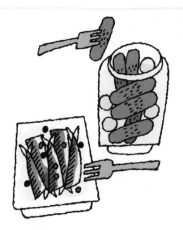

Step 3

与其他带着酸味的食物一起享用，是更具酸味特色的美食

若爱上了黑麦面包特有的酸味，推荐能够完全享受酸味的吃法。食用黑麦面包时，可以佐酸黄瓜或德国酸菜，与脂肪适中的醋腌沙丁鱼或腌渍鲑鱼一起食用，绝对相搭。

巧妙运用酸味的创意三明治

蟹肉味噌 & 鳄梨

在 5mm 厚的全粒黑麦面包片上涂抹蟹肉味噌酱，再铺上鳄梨薄片，撒些黑胡椒。

烟熏鲑鱼&酸奶酱

在切成 5mm 厚的全粒黑麦面包片上涂抹酸奶酱，铺上烟熏鲑鱼片，最后以莳萝装饰。

醋腌青花鱼&
山葵奶油酱

在 5mm 厚的全粒黑麦面包片上涂抹山葵奶油酱，放上切成薄片的醋腌青花鱼，再以花椒芽做装饰。

软 Q 嚼劲
让人超满足

贝果

口味种类多样
可以当甜食点心，也可以作为佐餐面包

贝果最大的魅力在于它独特的口感。发酵后的面团在进烤箱前先用热水烫过，可使贝果口感更好，表面也会看起来更美味。贝果有多样化的吃法。直接吃时，口感Q弹扎实；切片薄烤后吃，则松脆爽口；也可以涂抹奶油奶酪、搭配熏鲑鱼等食材，做成贝果三明治或披萨风贝果。

贝果面包原本不含糖与脂肪，但是可以在面团里加入水果干或巧克力，做出各种不同的口味。请参考p.30，尝试贝果的各种吃法吧！

直接吃? 烤后再吃? 寻找自己喜欢的口感!

贝果的内层质地扎实

很容易涂抹奶油奶酪

期待 Q 弹有劲的口感

直接涂上奶油或奶酪

若想品尝贝果独特的 Q 弹嚼劲,就要直接吃。涂抹奶油或奶酪,可以增添贝果的风味。

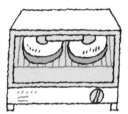

放进烤箱时,切面朝上

让贝果也有酥脆的口感

烘烤切面,做成贝果三明治

将一个贝果横着对切,放进烤箱烘烤之后,贝果会变得酥脆且香气四溢;可以在对切的贝果之中夹入火腿或奶酪,做成饱满的贝果三明治。

饱满感更加提升

用微波炉加热,提升酥脆的口感

微波炉加热后,面团会产生变化,口感也跟着不一样,再烤一下也很好吃。不过,要注意不要烤过头。必须要趁热吃,因为冷了以后会变硬。

用保鲜膜包起来后再微波

---

column

表面光亮,中间有空洞的形状,是如何做成的?

贝果的表面有光泽,是因为面团在烤前用热水烫过。附着在面团表面的水分,糊化了面团的淀粉,在烘烤之后,就会有漂亮的光泽。

另外,让贝果中间有空洞的方法有两种:一种是拉长面团,把长长的面团连接起来,变成中间有空洞的圆;还有一种是用手指在面团的中间开一个洞。

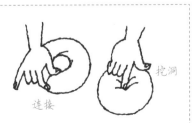

连接　挖洞

Step 1

使用中间空洞比较小的贝果

贝果的形状有很多种,要做贝果三明治时,建议使用中间空洞较小的贝果,更能夹住食材,不会让食材溢出。

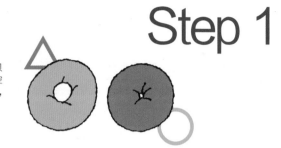

Step 2

涂抹奶油奶酪

贝果和奶油奶酪很搭。在贝果切面上涂抹满满的奶油奶酪,能让食材稳稳地附着在上面。

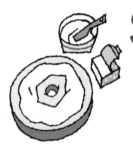

Step 3

选择固体状态的食材

贝果的面团具有弹性,如果夹入质地柔软或糊状的食物,食用时馅料很容易从旁边溢出,建议选择形状完整或稍硬的食物,作为贝果三明治的内馅。例如用鳄梨做内馅时,最好选择新鲜的切片。

在纽约常常可以看到夹心贝果,通常会夹入醋腌鲑鱼或是烟熏鲑鱼。奶油奶酪再加入馅料、洋葱切片是贝果的黄金组合,馅料丰富,咬时也不易溢出。

---

column

8月8日是贝果日?

因为两个贝果连接在一起所形成的图案,就像表示"无限大"的莫比乌斯环"∞",所以有人说8月8日是贝果日。也有一说是:圆环的形状是"没有终点的人生"。不过,贝果的形状除了常见的甜甜圈形外,还有右边的各种形状。

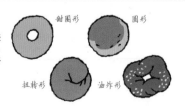

甜圈形　圆形
扭转形　油炸形

面团扎实，适合薄烤的贝果

大家都知道吐司或法国面包可以薄烤之后食用，
不妨也来试试薄烤之后的贝果吧！
贝果的面团扎实，烤过后变得酥脆，别有一番滋味。

薄烤贝果

材料（一盘份）

任何口味的贝果————2 个
黄油————————60g
细砂糖———————60g

作法

1. 把两个贝果横切成四片。
2. 混合黄油与细砂糖，涂抹在贝果切片上。
3. 放入烤箱，以 150℃烤约 15 分钟。

奶油
香气四溢

布里欧修面包

只当点心面包太可惜！

布里欧修面包使用了丰富的黄油和蛋，是香气四溢、口味奢华的面包。黄油的风味加上入口即溶的口感，不只是能够掳获人心般的甜点，也可以作为佐餐面包。

布里欧修面包与鹅肝酱、香肠等含脂成分多的配料特别搭，也很适合作为甜点享用。常见的"修士头"面包，就是小型的布里欧修面包，法国的许多地区也都有属于自己的地方性布里欧修面包。

配合吃法，选择不同的大小与形状

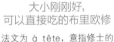

修士头

大小刚刚好，
可以直接吃的布里欧修

法文为 à tête，意指修士的
头。面包顶端有凸出的圆头，
形状非常可爱。巴黎人也称它
为"布里欧歇特"。面包不大，
可以直接吃。

农特尔

名字来自巴黎近郊的小镇，
切成厚片烤过后食用

法文为 nantere，为磅面包，
通常是切片后食用。薄烤之后
吃，可以享受到酥脆的口感。
也可以作为法国咸派派皮。

慕瑟琳

切片后
搭配肉类食物食用

法文为 mousseline，圆筒形
大面包。一般都是切片后作为
佐餐面包，与鹅肝酱等肉类配
料一起食用。

---

column

主显节或复活节时吃的
华丽布里欧修面包

　　圣王饼（Galette des rois）是法国复活节时吃的
甜点。饼里藏有国王造型的小人偶，若吃到藏着人偶
的那块饼，便是受到祝福的人。虽然称为饼，但现在
都以布里欧修面包来代替。而奥地利西部居民的复活
节甜点，则是把蛋放入编成篮子状面包中而制成的"奥
斯塔匹针"。

附有纸制
皇冠的圣王饼

国王人偶

把蛋编入面包中
的"奥斯特匹针"

19

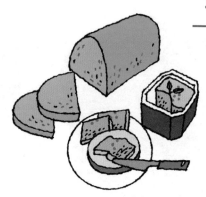

和配料一起食用

与含动物性脂肪的肝酱非常搭配

布里欧修含有黄油与蛋，味道十分丰富，不亚于味道浓厚的配料，搭配肝酱和肉酱都很适合。有些餐厅里会以布里欧修面包，当做鹅肝酱的底座。

当做甜点食用

做成提拉米苏风的甜点

用咖啡糖浆和马斯卡彭奶酪

为了方便食用，先切片后再烤

涂果酱

淋上冰淇淋

加热时以铝箔纸包裹

因为蛋的成分多，水分自然就会比较少，加热的时候易烤焦，所以必须裹上铝箔纸后，再放入预热后的烤箱，快速烘烤一下。

芳香风味很适合当做甜点

布里欧修面包的外形可爱，成分中的黄油香滑顺口，因此也常被拿来当做点心。包着鲜奶油或冰淇淋，或薄烤之后涂抹果酱或蜂蜜的布里欧修面包，都非常好吃。

column

西西里岛夏天的解暑冰品——布里欧修加冰沙

意大利西西里岛的居民在炎热夏天里，常会以横切片的布里欧修夹入冰沙来享用。

布里欧修面包搭配橘子、柠檬、咖啡等口味的冰沙。

冷冻之后变身为甜点

将冰淇淋塞进布里欧修，简单完成一道甜点!
外壳焦酥的布里欧修面包在冷冻后，口感就像泡芙的皮一样，
搭配口味浓醇的冰淇淋，再适合不过了。

布里欧修泡芙冰淇淋

材料（2 个份）

布里欧修————2 个
冰淇淋
（香草、巧克力）————适量

作法

1. 切开面包的上面部分，将内层挖空。
2. 分别填入冰淇淋（在冰淇淋里加入喜欢的水果，会更好吃。例如香草冰淇淋可以加芒果，巧克力冰淇淋可以加西洋梨）。
3. 把刚才切下来的面包上面部分放回原位，用保鲜膜包起来，放进冷冻库中冰冻。

> 酥酥脆脆
> 的口感

可颂面包

酥脆的面包外壳和松软温润的面包心

可颂面包可以直接吃，也可以仿效巴黎吃法，蘸着咖啡或咖啡牛奶、热巧克力吃，更可以拿来夹火腿或奶酪片，做成可颂三明治。另外，面包如果放久了，不再那么酥脆时，可以放进烤箱稍微烘烤，就可以让它恢复原本的酥脆口感了。

所含的油脂种类不同，可颂的外形也会不一样

使用黄油的是直型可颂，使用人造黄油的是新月形可颂？

法国会因为使用不同的油脂成分，做出不同形状的可颂面包（除了使用黄油以外，也有以使用人造黄油为主的可颂面包）。不过，其他地方并没有这样的区分。

因折入的油脂与发酵膨松的部分，所以会像派皮般形成一层层的模样。

表面包裹着脆脆的皮。

直接吃

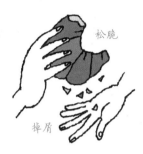

松脆

掉屑

新鲜度最重要!
稍微放冷后，是最好吃的时候。

因为烘烤时表层充分受热，烤出了松脆的口感，所以吃的时候会掉落薄薄的、宛如纸屑般的面包屑。两端的松脆口感与中央部分的滋润口感，形成了美妙的对比。

用低温加热

加热时容易烤焦，
所以要用铝箔纸覆盖起来再加热。

利用烤箱加热时，要先用铝箔覆盖表面，防止加热时造成烤焦的状况。也可以利用预热的做法，进行低温加热。

试着与不同温度
的食物做搭配

搭配
鲜奶油与冰淇淋

像派皮一样的松脆口感，与冰冰凉凉的冰淇淋、鲜奶油类的食物非常搭。如果再添加水果的话，就变成法式千层酥了。

做成
可颂三明治

建议配料
· 天然奶酪（干酪、切达干酪等）
· 生火腿和生菜
· 火鸡肉
· 炒蛋和培根
· 巧克力酱

焦酥的外皮
可搭配任何配料

出炉一段时间后，可颂面包变得比较软润，容易切割，此时斜斜地切开面包体，夹入配料，做成可以享受到黄油香醇风味与丰富配料的可颂三明治。

软而酥松的
人气面包

英国司康

掰成两半后，
把粗糙表面烤到恰到好处的焦黄色泽。

英国司康的迷人之处，就是表面浓浓的玉米粉香，与中间松软又有弹性的口感。对喜欢柔软面包的人来说，司康确实讨人喜欢。

食用前以烤箱再次烘烤，可以让司康变得更好吃。烤前先把司康分为两半，但是不用刀子切，而是用叉子之类的器具把司康掰成两半，让切面呈现凹凹凸凸的粗糙质感再烘烤，这样才容易烤出表面焦黄、充满香气的司康。

"无边"与"松软"是司康受欢迎的秘密

表面有玉米粉，烤的时候特别香。

一般的厚度约为3cm。因为是半熟的面包，所以食用前必须利用烤箱再烤一次。

轻轻咀嚼的好口感，让司康大受欢迎

烤时香气四溢，吃时又软又Q，这是司康的特征。另外，司康没有吐司面包的硬边，也是它受喜爱的原因之一，是人气渐增的早餐面包。

水分较多，柔软又湿润。

用手掰开成两半再烤，是司康好吃的秘诀

Step 1

用手或叉子把一个司康分成两半

市面上卖的司康大都刻上切痕，买回去后只要用叉子或手轻轻一掰，就可以把司康掰成切面凹凸的模样。这是烤出好吃司康的秘诀。

Step 2

在烤箱里烤到焦黄

凹凸面朝上，放进烤箱，烤到有微微的焦黄色泽，那样的司康最好吃。

Step 3

玛格丽特吐司

材料
披萨酱
莫札瑞拉干酪
橄榄油
罗勒叶————————各适量

1. 把司康掰成两半，在凹凸面上涂抹披萨酱。
2. 铺上切成薄片的莫札瑞拉干酪、罗勒叶，来回淋上橄榄油。
3. 放进烤箱，烤到干酪溶化后就可以拿出烤箱，再加 Tabasco 辣酱。

没有特殊的味道，适合各种配料

在凹凸面上涂抹黄油或蜂蜜、果酱，这是甜口味的吃法；也可以铺放火腿或奶酪片，做成单片三明治，或披萨风司康。

---

column

**同样叫作"玛芬"，
为什么是不一样的东西?**

司康也被称作"英国玛芬"，但和美国玛芬却是完全不同的食物。既然同样叫作"玛芬"，为什么是不一样的东西?

美国玛芬是形状像杯子蛋糕的甜点，因为面团不经发酵，所以在国内不被归为面包类。

英国玛芬是因为把面团放进玛芬形的容器内烘烤的关系，因此得名。

享受香味
与口感

坚果面包

为了引出坚果的香味，
食用前不妨稍微再烤一下

　　加入坚果的面包种类繁多，但最常见的坚果面包，应该就是核桃坚果面包了。因为使用烤过的熟核桃，所以吃起来又香又脆。

　　法国面包或黑麦面包等无油面包（参阅 p.151）和核桃尤其相配。核桃所含的油脂，散发出浓郁香味。面包稍微烤过后，铺放奶酪或火腿，再涂上甜面包酱，是很不错的吃法。

烘烤能够提高面包的酥脆口感

切的厚度可随喜好调整。不过，因为坚果本身的味道比较重，所以即使切成薄片，也可以享受到口感与风味。

烤的时候特别香。为了避免把核桃烤焦，一定要尽量缩短烤的时间。

烤过的面包愈嚼愈香

面包放进烤箱，烤到微微上色。为了避免坚果被烤焦，面包放进烤箱加热时，千万不要烤太久。这是重点。

巧克力酱

核桃与巧克力是黄金组合。涂着满满巧克力的薄切片面包，享受甜点般乐趣。

把巧克力块夹入刚烤好的面包中食用，溶化的巧克力与核桃非常搭。

巧克力块

熬煮枫糖浆，就可以做成光滑如奶油般，又香又甜的枫糖酱了。

枫糖酱

牛奶糖抹酱

在牛奶里加入砂糖与蜂蜜一起熬煮而成。有很浓的甜味，吃起来像原味焦糖。

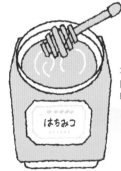

不同的蜂蜜品种会有不同的味道。和奶酪搭配时，会产生新的风味。

蜂蜜

黄豆粉糊

适合喜欢重口味的人。如果是不含糖的黄豆粉糊，吃的时候可以依个人喜好，加入适量的蜂蜜。

和咸味
食物
也很搭

果干面包

拥有水果自然甘甜与芳香的面包，
适合当佐餐面包，也适合当甜点。

咀嚼加了葡萄干或无花果、杏仁、无籽小葡萄干的面包时，水果的自然甘甜与香气，会在嘴巴里扩散开来。水果的种类很多，可以依季节使用不同的果干。常见的有葡萄干或无籽小葡萄干。

果干面包可以当做点心直接吃，也可以与奶酪、肉酱等咸味的食物一起享用，出乎意料地好吃哦。

这样的面包会用到水果干

节庆活动时的面包

加入坚果的面包

黑麦面包

在欧美，水果与坚果是收获的象征，因此，意大利的圣诞水果面包 panettone 和德国的圣诞面包 stollen 等节庆活动时使用的面包，平常也可以吃得到。

坚果的油脂和果干的香甜其实很搭，合在一起吃时，真的是愈嚼愈香、愈有味，能够同时感受到两种不同口感的好滋味。

果干的香甜可以柔和黑麦特有的酸味与气味，让黑麦面包变得更顺口。

葡萄干、
无籽小葡萄干……

肝酱或
鲑鱼肉酱

肉酱
或肉泥

味道重的肝酱或肉酱、
肉泥适合与味道清爽的水果搭配

清爽的甜味与肉酱或肝酱等脂肪丰富的配料
很搭。薄切片的面包轻烤之后，能够提引出
水果的甜味。

无花果、
梅子干……

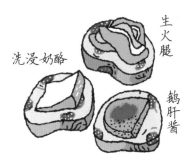

洗浸奶酪

生火腿

鹅肝酱

肉类或味道特别的奶酪与黏稠感、
味道重的果干很搭

水果甜度强，且香味独特，所以配料的口味
最好能与之匹敌。例如火腿、鹅肝等肉类，
或洗浸奶酪。

小红莓、
草莓……

白巧克力片与核桃

巧克力酱
与杏仁片

巧克力与杏仁片
让酸甜的水果变甜

酸酸甜甜的莓果系水果和可可或坚果等食物，
在味道上很能相容。涂着满满的巧克力酱或
花生酱的莓果干面包非常美味。

柠檬皮、
橘子皮……

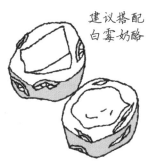

建议搭配
白霉奶酪

味道清新的水果
最适合与气味醇厚的奶酪搭配

加了柑橘类果皮的面包有着清新的香气，吃
起来非常顺口，搭配奶油奶酪吃时，有着享
用点心般的乐趣，和味道独特的白霉奶酪也
很搭。

品尝
各种风味

在面团里
添加风味的面包

揉入配料或装点配料，
享受面包产生的变化

把红茶、抹茶或黑糖等食材揉入面团，烤出来的面包就会增添更多丰富风味，这也是最近流行的趋势。这样做出来的面包当然可以直接吃，但也可以搭配合适的食物一起食用。

利用色彩鲜艳的面团做出来的面包，制作单片三明治或法式小餐点，或许会有新奇的发现，找到以前从没有的搭配组合，开创出新的美味吃法。

用五颜六色的面团做出来的面包，最适合作为派对食物

五颜六色的，好可爱！

揉入面团的食材
颜色看来超好吃

用五颜六色的面包做出一口大小的单片三明治或法式小餐点，可以成为家庭派对的待客料理。盛入大盘中的彩色三明治或法式小餐点，一定会大受欢迎。

抹茶风味面包

红豆

生奶油

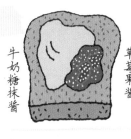

东西方的食材也相容

不仅豆沙馅或红豆这样的食材能与抹茶风味面包搭配，西方的生奶油或香草冰淇淋也是抹茶风味面包的好搭档。

红茶风味面包

牛奶糖抹酱

草莓果酱

利用奶油
或果酱凸显红茶的香

搭配着奶油或果酱的红茶面包，就像在享用俄罗斯甜茶或奶茶一样。

红酒风味面包

蓝纹奶酪

最好的搭档当然是奶酪

奶酪和红酒绝对很搭。吃红酒风味面包时，来一片黄波奶酪或蓝纹奶酪、米莫雷特奶酪，是一大享受。

黑糖风味面包

炒牛蒡丝

黑糖的甜味与香味，
和熟食小菜非常搭

最适合与甜甜辣辣的熟食小菜一起享用。用羊栖菜或煮萝卜丝做的单片黑糖风味三明治，有绝妙的好滋味。

咖啡风味面包

奶油巧克力

使用牛奶或巧克力，
增加咖啡面包的风味

牛奶糖抹酱或枫糖酱、巧克力酱，可以让咖啡风味面包的香气与苦味更加醇厚。

各式各样的形状与配料

好想吃! 日本各地的面包名产

日本各地都有独创的甜面包及咸面包。
虽然受到当地人喜爱，对于其他地区的人来说却很陌生。
以下介绍一些具有独创特色的面包种类。

北海道
羊羹面包
在柔软的面包表面涂抹羊羹，中间夹入鲜奶油。味道像豆沙馅面包。

滋贺县
色拉面包
热狗里夹着蛋黄酱和腌黄萝卜。是滋贺县伊香郡的"鹤屋面包"的人气商品。

新潟县
烤噗噗
常在小摊子上看到的点心，别名"蒸汽火车面包"。特征是有黑糖的甜味和Q弹的口感。

福岛县
奶油盒
主要的贩卖区域在郡山市。在切成厚片的吐司面包上涂牛奶糖抹酱。

高知县
帽子面包
圆的部分是热狗，凸起的部分是蛋糕体。中间还加入奶油，是变化丰富的面包。

神奈川县
横须贺的"法国面包"
法棍传入日本时，为了缩短烘烤时间，便把法国面包的面团做成圆形，所以这个地区的法国面包是圆形的。

爱知县
小红豆吐司
在烤过的面包上涂抹黄油或人造黄油后，再铺上一层小红豆，是当地的招牌轻食。

冲绳县
漩涡面包
以面包体卷着加满了细砂糖的奶油。是宫古岛上常见的面包。

静冈县
大个子面包
在长约34cm的热狗里夹入生奶油。2007年虽然停止制造该款面包，但之后仍不时以限量方式销售，人气可见一斑。

Part 2

从早餐到宴客料理

适时适所
的面包选择法

面包可以是餐桌上的主角，也可以是衬托主菜的最佳配角。不同场合当然要选择不同的面包，在此要介绍各种场合之下，选择不同的面包所做出来的面包料理。这些创意将让我们的面包生活更加丰富。

选择能够迅速补充能量，
并且容易入口的面包

point 1

要注重营养均衡

因为小麦当中含有较少赖氨酸（Lysine，氨基酸之一），所以必须与牛奶或黄油等乳制品，及鸡蛋或火腿等动物性蛋白质一起食用，才能达到营养均衡的成效。

point 2

要能够方便食用

忙乱的早晨最需要可以迅速解决的早餐，夹着配料的三明治或卷着配料的面包，都是简单又易食用的食物。奶酪或火腿就是很好的配料。

来不及了！

point 3

要有饱足感

面包是容易消化的食物，所以不太能够耐饥。请搭配必须咀嚼的配料，选择加了食物纤维丰富的全麦或黑麦面包，比较能够耐饥。

使用营养丰富的面包，做出方便且能快速吃完的单片三明治

说到早餐吃的面包，大家首先想到的就是白吐司面包吧！

其实，除了白吐司外，适合当做早餐面包的种类还有很多。

例如全麦面包或黑麦面包，及以杂粮为基础的面包等等，都非常适合当早餐面包。这类面包的特征就是含有丰富的食物纤维，并且耐饥，其中口感比较柔软的面包，就很适合当做早餐面包。

另外，因为面包很容易被消化吸收，可以快速提升睡觉时下降的血糖值，活跃脑力，让刚睡醒的脑袋迅速从昏沉的状态清醒，所以非常适合用来作为早餐。

在面包中夹入蔬菜、奶酪、火腿或煎蛋等配料做成三明治，就能让身体吸收到均衡的营养。

若喜欢吃烤过的面包，可选择切片的山形吐司

切成薄片的山形吐司在微烤过后，会有酥松的口感，非常顺口。切片较厚的山形面包烤过后，面包心松松软软，可吃出与外皮不同的口感。

山形吐司

除了全麦面粉外，如果再添加芝麻等谷类或红豆、大豆等豆类所做成的面包，营养价值比只使用全麦面粉的面包更高。

建议这样的面包！

切片厚度适当，选择容易夹入的配料

全麦面粉吐司

切成薄片，做成单片三明治

营养价值高，又含有丰富的食物纤维，很值得推荐。因为含有麦麸和胚芽，所以有独特的风味。切成薄片后涂抹黄油，就很顺口了。

可颂面包也可以泡在上面浮着鲜奶油的热可可或热巧克力里吃。甜味可以促使血糖值上升，使大脑更加活跃。

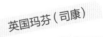

可颂面包

英国玛芬（司康）

可颂面包配咖啡牛奶，充满法式氛围

把可颂面包浸泡在咖啡或咖啡牛奶里吃，在法国是相当普遍的早餐吃法。另外，切开可颂面包后，夹入和可颂面包非常搭的火腿或奶酪，就是美味的可颂三明治了。

掰成两半后烘烤上色

将司康横掰成两半，将切面朝上，放进烤箱烤到切面呈现焦色。拿出烤箱后，在两块司康上铺放不同的配料，做成两种司康三明治。

黄油花生酱和香蕉单片三明治

早餐

材料（一盘份）
全麦面包（山形面包，厚 20mm）———————1 片
黄油花生酱（有颗粒、无糖）———依个人喜好的量
香蕉———————————————————1/2 根
蜂蜜———————————————————适量
黑胡椒—————————————————适量

作法
1. 全麦面包先烤一下。
2. 在 1 上涂抹花生酱，再铺上切成圆片的香蕉。
3. 淋上蜂蜜、撒黑胡椒。

---

column

各国早餐大集合！
做出能够让脑袋
清醒的早餐

以面包为主食的国家中，有许多"不吃这个，一天就无法开始"的早餐面包。早餐不仅必须营养丰富，成为一整天能量的基础，还必须简便易食。

瑞典

一般人的早餐便是在以黑麦为主体的面包上，铺放火腿、肝酱片、奶酪、蔬菜等配料的单片三明治。

印度尼西亚·巴厘岛

在吐司上面淋炼乳，铺放香蕉、巧克力，做成甜味单片三明治。

意大利

以咖啡搭配撒上糖粉的布里欧修面包或夹着巧克力的甜面包。

西班牙

涂抹着大蒜和熟番茄的棍子面包。这样的早餐面包也适合搭酒。

丹麦

罂粟籽黄油面包是丹麦代表性的佐餐面包，上下切半后，再涂抹肝酱泥。

选择不易破损
的面包与配料

point 1

三明治最忌讳
多余的水分

甩干生菜或小黄瓜等新鲜蔬菜的水分后，再夹入面包中。另外，在面包上涂黄油，也能起到防止水分浸湿面包的作用。

point 2

避免使用丹麦面包

可颂面包和丹麦面包的面包心是一层层面皮的组合，很容易因为破损而影响口感，所以不适合拿来作为便当料理。

给你一个

啊！我的面包碎掉了……

point 3

包装后不仅容易携带，
吃起来也方便

把面包装进容器或便当盒时，尽量避免有空隙。放进容器之前，要先用保鲜膜或纸张包装，才不会破坏面包的形状，吃起来也方便。

建议使用常见的三明治面包或硬面包

以面包作为便当料理时，维持面包外形是很重要的事。

可颂面包和丹麦面包的迷人之处，就在于酥脆的层层面皮。

但酥脆的面皮却容易在携带时破损，降低了美味的口感，所以这一类的面包不适合拿来做便当。

建议使用吐司、法国面包或贝果等简单外形的面包来做三明治。

至于配料，当然也要选择不易损伤的食物，并且避免使用自制的卡士达酱或鲜奶油，以及水分多的新鲜蔬菜。

在匆忙的早晨做三明治，确实是很麻烦，这时不妨利用冷冻食品，做出简单又具有创意的三明治来。

做出不易变形
的三明治

法国面包有相当的硬度，形状不易
被破坏，也容易依不同切法，做出
外形不一样的三明治。

法国面包

如果是粗的法国
面包，可以挖去
中间的面包心，
夹入配料。

可将细的法国面
包横切之后，夹
入配料。

建议这样的面包！

使用不易变形的面包

三明治用吐司

选择洞小的贝果做三明治

若贝果的洞太大，夹在其中的配料
就容易溢出，不方便吃，所以尽量
选择洞小的贝果来做三明治。涂在
切面上的奶油奶酪可作为黏着剂，
中间夹入喜欢的配料，美味的贝果
三明治就完成啦！

薄吐司更容易使用，
还可做成三明治卷

三明治用的吐司质地柔软，可以卷
起来做成三明治卷。普通方形吐司
去掉边，就是三明治用吐司了。一
般使用比 15mm 更薄的方形吐司
来做三明治。

建议配料

火腿

切片
的鳄梨

奶油奶酪

贝果

市售冷冻食品变身美味三明治

3 种简单的三明治卷

便当

意大利面三明治

材料（1 人份）
三明治用吐司（8～9mm 厚）————1 片
冷冻番茄肉酱意大利面————————适量
生菜————————————————1 片
黄油————————————————适量

作法
1. 在吐司上涂抹黄油。
2. 铺生菜，然后放上加热后的意大利面，从一边卷起。
3. 紧紧地用保鲜膜包起来，让三明治卷固定成型，不会散开。

烧卖三明治

材料（1 人份）
三明治用吐司（8～9mm 厚）————1 片
冷冻烧卖————————————————3 个
高丽菜————————————————1 片
酱油————————————————适量
芥末黄油————————————————适量

作法
1. 在吐司上涂抹芥末黄油。
2. 铺上切好的高丽菜丝，然后把处理好的三个烧卖排成一排，从一边卷起。
3. 紧紧地用保鲜膜包起来，让三明治卷固定成型，不会散开。

炸海苔竹轮三明治

材料（1 人份）
三明治用吐司（8～9mm 厚）————1 片
冷冻炸海苔竹轮————————————2 个
紫苏叶————————————————2 片
蛋黄酱————————————————适量

作法
1. 在吐司上涂抹蛋黄酱。
2. 铺上紫苏叶，然后放上处理好的炸海苔竹轮，从一边卷起。
3. 紧紧地用保鲜膜包起来，让三明治卷固定成型，不会散开。

column

用面包做便当时，要特别注意配料的选择

因为便当的三明治从制作到食用会经过一段时间，除了要小心外形可能会受损，还要十分注意配料食物中毒的问题。

肉类或海鲜类的配料一定要加热煮熟，经过调味后再使用；蔬菜类最好也要汆烫或炒过，让水分不会跑出来。

自制卡士达酱或鲜奶油

水分多的蔬菜

生火腿或生鲜鱼

配合主菜，
选择适当的面包

口味简单 的面包

point 1

享受面包
与料理融合的滋味

黑麦比率多而较具特色的面包，与味道重、脂肪成分多的油腻料理，都是风格较强烈的食物，两者搭配在一起时，可以享受到双重风格融合的好滋味。

有特色 的面包

point 2

引出料理原味

以小麦面粉为主材料的面包，味道单纯，不会影响食材的味道，是料理的最佳配角，适合搭配任何料理。

point 3

以本土的面包
搭配当地料理

来自相同国家或地区的料理与面包，当然是最能相容的食物。就像佛卡夏面包最适合意大利料理一样。

当地的 面包

用当地面包搭配该国家的料理

当决定晚餐的佐餐面包时，重点是要以正餐的主菜为选择基准。

如果主菜是口味清淡的料理，那么佐餐面包最好是味道简单的面包；若是味道浓厚的食物，则可以搭配味道不会输给主菜，富有特色的面包。不过，如果选择了味道清爽，而不会妨碍主菜味道的面包，也是很不错的决定。

如是这样说还是难以决定的话，那就以"主菜的国籍"来决定佐餐的面包吧！例如意大利料理应搭配意大利面包，德国料理搭配德国面包，这样的选择大致上是不会出问题的。

当然，面包也可以是主菜。

使用烤牛肉或鹅肝等奢华配料的单片三明治，也能够成为华丽的主菜。

配合料理口味及食材特征，
选择适当的佐餐面包

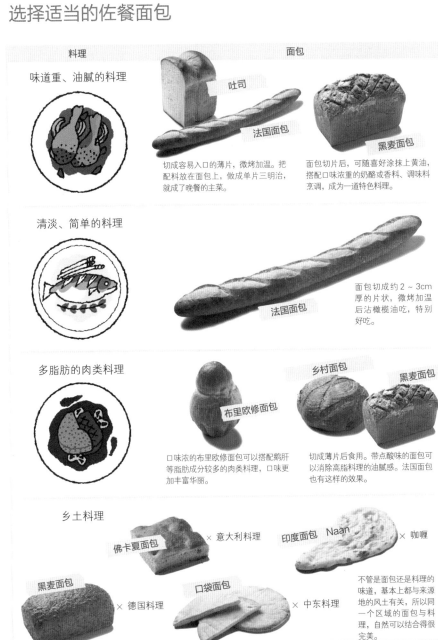

料理　　　　　　　　　　　　　　　　　　面包

味道重、油腻的料理

吐司

法国面包

黑麦面包

切成容易入口的薄片，微烤加温。把配料放在面包上，做成单片三明治，就成了晚餐的主菜。

面包切片后，可随喜好涂抹上黄油，搭配口味浓重的奶酪或香料、调味料烹调，成为一道特色料理。

清淡、简单的料理

法国面包

面包切成约 2～3cm 厚的片状，微烤加温后沾橄榄油吃，特别好吃。

多脂肪的肉类料理

布里欧修面包

乡村面包　　黑麦面包

口味浓的布里欧修面包可以搭配鹅肝等脂肪成分较多的肉类料理，口味更加丰富华丽。

切成薄片后食用。带点酸味的面包可以消除高脂料理的油腻感。法国面包也有这样的效果。

乡土料理

佛卡夏面包　× 意大利料理

印度面包 Naan　× 咖喱

黑麦面包　× 德国料理

口袋面包　× 中东料理

不管是面包还是料理的味道，基本上都与来源地的风土有关，所以同一个区域的面包与料理，自然可以结合得很完美。

材料（1 盘份）

法国乡村面包（10mm 厚的切片）————1 片
烤牛肉（市售）————————————3 片
嫩菜叶————————————————适量
樱桃萝卜——————————————1 个
橄榄油——————————————————适量

〈蓝纹奶酪酱〉

法国色拉酱（市售）———————————1 大匙
蓝纹奶酪—————————————————1 大匙
黑胡椒——————————————————适量

作法

1. 樱桃萝卜切成薄片。
2. 混合〈蓝纹奶酪酱〉的材料，做成酱料。
3. 在法国乡村面包上涂橄榄油，放入烤箱烤
   到酥脆。把烤牛肉、嫩菜叶、樱桃萝卜等
   材料铺放在烤好的面包上，淋上蓝纹奶酪
   酱就可以吃了。

**把切片面包当成底座的
法式单片三明治**

把配料放在面包薄片上的法式单
片三明治叫作 "Tartine"。在面
包上随喜好铺放配料，一般会使
用法国乡村面包来当底座。

使 用 奢 华 食 材 ， 分 量 满 点 的 面 包 料 理

烤牛肉与蓝纹奶酪的
法式面包

晚餐

在用餐过程中，
都能享用温热的面包

　　在悠闲享用食物的过程中，面包很容易凉掉。这时如果有一个可以让面包保持温度的保温器，那就太方便了。

　　用烤箱或微波炉加热板盘，然后把面包放在板盘上，就可以使面包保持在一定的温度。

附盖子
的板盘。

下酒菜

面包不仅可以搭配葡萄酒，
与烧酒、日本酒也很搭

point 1

促成味道的平衡

酒的味道会因为原料与酿造方法的不同而千变万化。喝果味酒时，搭配着加入水果的面包，自然很搭。喝爽口的酒时，搭配脆皮面包或烤面包，也是很不错的选择。

嗝！

原料是…

point 2

相同的原料与酵母

酒和面包都会留下酵母或原料的香气与风味。使用了相同原料与酵母的酒或面包，口味上自然可以相容。日本酒与使用酒种发酵的面包很搭，而葡萄酒最适合搭配加了很多葡萄干的果干面包。

point 3

选择与酒使用
相同食材的面包

加入了下酒食物（例如坚果类、奶酪、香肠等）的面包，当然也很适合与酒一同享用。可以切成薄片后直接当做下酒的面包，也可以放进烤箱，微烤之后配着酒吃。

面包和葡萄酒都是发酵食品，融合度非常高

　　虽然用来发酵的酵母种类与原料并非相同，但在制作面包与酒的过程中，发酵都是非常重要的一环。因为有这一共同点，面包与酒出人意料的相容。

　　酒的原料或酵母与面包的素材或酵母能互相配合的话，就是非常相容的组合。

　　例如：葡萄酒与葡萄干面包，或使用野生葡萄的酵母发酵的面包，则非常搭；日本酒则与使用酒种发酵的面包非常相容。

　　能不能与酒的风味或味道达到平衡，也是选择面包的基准。同样是葡萄酒，有的味道清爽，有的味道浓郁，要依据不同的味道，选择相搭的面包。

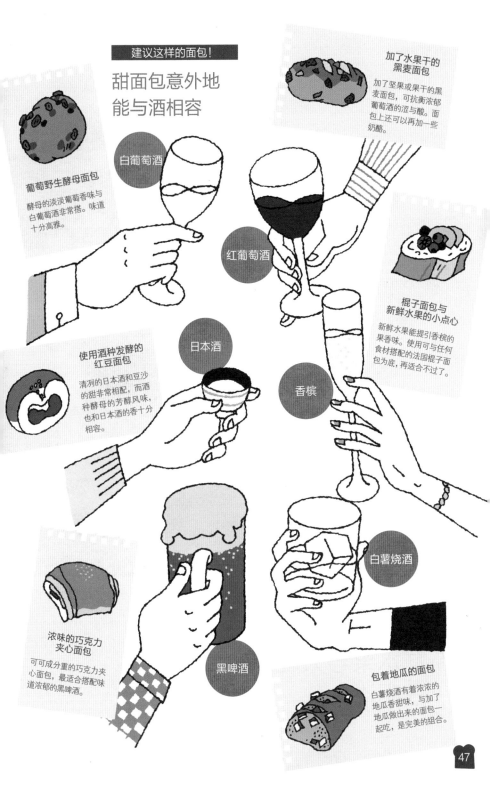

建议这样的面包！

甜面包意外地能与酒相容

葡萄野生酵母面包

酵母的淡淡葡萄香味与白葡萄酒非常搭。味道十分高雅。

白葡萄酒

加了水果干的黑麦面包

加了坚果或果干的黑麦面包，可抗衡浓郁葡萄酒的涩与酸。面包上还可以再加一些奶酪。

红葡萄酒

棍子面包与新鲜水果的小点心

新鲜水果能提引香槟的果香味。使用可与任何食材搭配的法国棍子面包为底，再适合不过了。

使用酒种发酵的红豆面包

清冽的日本酒和豆沙的甜非常相配，而酒种酵母的芳醇风味，也和日本酒的香十分相容。

日本酒

香槟

浓味的巧克力夹心面包

可可成分重的巧克力夹心面包，最适合搭配味道浓郁的黑啤酒。

黑啤酒

白薯烧酒

包着地瓜的面包

白薯烧酒有着浓浓的地瓜香甜味，与加了地瓜做出来的面包一起吃，是完美的组合。

材料（1 盘份）

棍子面包（切成1cm厚的圆片）———5 片
新鲜水果（橘子、葡萄柚、奇异果、菠萝、蓝
莓、木莓、黑莓等等）————————
生火腿———————————2～3 片
白葡萄醋———————————适量
橄榄油————————————适量
细叶芹————————————适量

作法

1. 将各种水果切成容易入口的大小，撒白香
   醋拌一拌。
2. 面包上涂橄榄油，进烤箱烘烤到有松脆的
   口感。
3. 把切成适当大小的生火腿铺放在烤过的面
   包上，再把 1 摆在生火腿之上，最后以细
   叶芹做装饰。

※ 使用颜色淡的白葡萄醋，不要使用红色的
   芳香醋，这样才不会影响到料理的色彩，
   但仍然保有其风味与香味。

享受清爽的香气与丰富的色彩

新鲜水果与火腿片
小三明治

下酒菜

用面包酿的酒?

　　右图是以面包为酿酒原料，非常罕见的烧酒。用
水溶化吐司，再加入曲霉，让溶化的吐司发酵，经过
蒸馏后而成。酒味清爽，而且相当顺口。
　　据说六千年前就有以面包为原料制成的酒，也可
说是啤酒的起源。

照片提供／
近藤印　高知酒店

花点小心思，
面包也能变甜点

point 1

无油面包
是健康的点心

没有加砂糖与乳制品的无油面包最适合拿来做点心。能够调节脂肪与糖分，所以可以做成健康的点心。

使用法国面包

期待！

哇！

point 2

吃剩的面包
变身为简单的点心

每天要准备不一样的点心，确实是一件很麻烦的事情。利用佐餐时剩余的法国面包或吐司，让点心有更多的变化。

point 3

以口感松软
的面包做点心

很多孩子不喜欢有酸味或味道比较独特的黑麦面包，所以利用面包做点心时，尽量选择吐司或布里欧修等味道和口感柔软的面包。

利用面包做简单的手工点心

说到"点心"，就会想到市面上卖的各种甜点。不过那些甜点通常热量高，且总是太甜，让人感到不安心。

其实，使用法国面包或吐司等简单的佐餐面包，也可以做出美味的点心。

面包本身的甜味并不高，因此可以通过料理过程，做成各种口味的点心。鲜度不如刚出炉的时候，有点硬化、变干的面包，靠重新处理，可以改造成好吃的创意点心。

像布里欧修或可颂等口味丰富的面包，也能成为孩子们喜欢的点心。这类面包直接吃就很美味，但涂上果酱或浸在甜甜的饮料中食用，可以让人享受到不同的美味。

**口感松脆,
很适合做成法式吐司**

因为是沾了蛋液后再煎的甜点,所
以即使是已经变干硬的面包也没关
系。再淋上肉桂糖浆或枫糖浆,滋
味更丰富。

法国面包

布里欧修

切下来的吐司边经
过油炸后,撒上细
砂糖或肉桂糖粉,
便成为脆脆甜甜的
面包脆饼。

**填入冰淇淋,
成为好吃的冰淇淋泡芙**

味道丰富、质地绵密的布里欧
修面包填入冰淇淋冷冻后,面
包的口感和泡芙的外皮非常相
像(参照 p.21)。

建议这样的面包!

选择经过处理后,
能够让原本简单的口味
产生变化的面包。

方形吐司

**面包外皮和内层
都可以拿来做点心**

把面包外皮和内层分开,可以
做成两种点心。只要花些时间,
做三明治时切下来的吐司边,
也能变成绝佳点心。

松软的内层正好可
以拿来做三明治或
法式吐司。

贝果

**已经不酥脆的可颂面包,
可以搭配布丁吃**

放置一段时间后,可颂面包的口感
不再酥脆,变得有点湿软。因为是
用大量黄油做出来的面包,所以味
道浓郁,正好用来做成面包布丁。

**口感独特又有分量,
是很棒的点心材料**

口感绝佳的贝果,是具有饱足感的
点心。在对半切的普通贝果上面涂
抹果酱或奶油奶酪,就很好吃。薄
烤后更加美味(参照 p.17)。

可颂

比用吐司做的更酥松多汁

松软的法式吐司

孩子们的点心

材料（1 盘份）

短棍面包（斜切成约 2cm 厚面包片）————2 片

黄油————————————————1 大匙

杏仁片——————————————————适量

粉糖————————————————————适量

〈蛋液〉

鸡蛋————————————————————1 个

牛奶————————————————————1/4 杯

砂糖——————————————————————1 大匙

作法

1. 搅拌蛋液的材料，用面包蘸取蛋液，其中一面撒上杏仁片。
2. 黄油放入平底锅中，用小火煎 1，煎到两面上色。
3. 把煎好的面包摆在盘中，撒上粉糖。也可以随自己的喜好，添加蜂蜜或枫糖浆、鲜奶油、果酱等等。

可颂面包里的黄油，让点心的味道浓郁可口

香蕉面包布丁

材料（2 盘份）

可颂面包————————2 个（约 100g）
香蕉————————————1 根
黄油————————————1 大匙
牛奶———————————1/2 杯
砂糖————————————2 大匙
蛋黄————————————1 个
奶油————————————1 大匙
鲜奶油——————————适量
枫糖浆——————————适量
薄荷叶——————————适量

作法

1. 用手把可颂面包撕成碎片。
2. 将黄油以及用叉子背压碎的香蕉放入平底锅中，用小火慢炒成泥状。
3. 把牛奶、砂糖和撕碎的面包碎片加入 2 中。
4. 转中火煮沸后立即熄火，加入蛋黄与奶油，快速搅拌。（此时可随喜好加入巧克力或坚果）
5. 把 4 分装入容器中，放进冰箱中冷却。要吃的时候再淋上鲜奶油、淋枫糖浆，并以薄荷叶装饰。

以低脂肪食材为配料，搭配具有嚼劲的面包

OK NG

咀嚼

用切碎的熟蔬菜做日式三明治

point 1

选择油脂与糖分少的面包

避免丹麦面包或点心面包，选择低脂肪且没有甜味的法国面包或黑麦面包。吐司也可以，但不要吃太多。

point 2

有嚼劲的面包容易有饱足感

松软的面包很容易吃太多。硬一点的面包耐嚼，而且会带来饱足感，让人不至于吃太多。

point 3

选择面包固然重要，也要慎选搭配的食材

只吃面包的话，很容易就吃过头了。建议与食物纤维丰富的其他食物一起做成三明治后食用。

选择味道简单，且具有嚼劲的面包

有很多人都以为节食减重时，绝对不可以碰面包。其实，只要下点功夫去分辨面包的种类与吃法，即使是在节食减重的时候，也可以吃面包。

节食减重时，就应该选择味道单纯的面包。味道单纯的面包油脂和糖的含量少、热量低，例如法国面包、贝果、黑麦面包等。而全麦面包不仅含有丰富的纤维，而且非常耐嚼，只吃少量就能得到饱足感，非常值得推荐。含有丰富纤维的面包，还能解决便秘问题。

另外，搭配面包一起吃的食物也要慎选。要避免脂肪成分多的火腿、香肠、热狗等食物，海鲜或菇类是较好的选择。除此之外还要多摄取蔬菜，这样才能更健康。

法国面包

即使是在节食减重的时候，还是不能完全不摄取油脂，可以在吃面包时，蘸取少量的橄榄油食用，面包也会变得更美味。

没有油脂与糖的面包，是节食减重的最佳伙伴

法国面包的主要成分是面粉与水，所以即使是节食减重时，也可以安心食用。其中乡村面包与棍子面包的面包外皮分量多，需要多多咀嚼，因此也容易带来饱足感。

请吃低热量、低糖的面包

全麦面包

适合与高蛋白质、低热量熟食小菜一起食用。

一般的简单贝果，是节食减重面包的代表

普通贝果是低脂肪且耐饥的面包。制作贝果的过程中，如果在面团里揉入巧克力或焦糖等食材，就会变成高热量的面包，所以节食减重时，切记要选择普通贝果。

一般贝果

贝果虽然和奶油奶酪很搭，但是热量很高。可以用一些低脂奶酪来代替。

黑麦面包

食物纤维丰富且营养价值高

黑麦面包与全麦面包都含有丰富的食物纤维，所以口感佳且易有饱足感。因为消化缓慢，血糖值就不会快速上升。这类面包也含有促进糖质消化的维生素 B 群。

即使是在节食减重时，也可以吃低热量的奶酪

山羊奶酪健康三明治

节食减重

材料（1 盘份）
黑麦面包（加入水果干、坚果，8mm 厚的切片）
———————————————3 片
山羊奶酪（奶油型）—————适量
细叶芹——————————适量

作法
在面包上涂抹山羊奶酪，再以细叶芹做装饰。

※ 可以依喜好淋上蜂蜜。也可撒点盐、胡椒，
享受味道变化的乐趣。

加了果干或坚果的面包，让人更有满足感

山羊奶酪有独特的酸味，加了果干或坚果的面包，可以柔和山羊奶酪的酸味，让味道变得顺口。而且面包中加了果干或坚果，也会更耐嚼，提升饱足感。

column

改变"面包好搭档"，降低食物热量

果酱或奶酪等常常拿来佐面包吃的食材，可以视为是"面包好搭档"，但很多都是高热量的食物。所以，在节食减重的过程中，一定要慎选，才不会摄取过多热量。

最近市面上有很多低热量的食物，让选择变得更多了。

黄油 ✕

橄榄油 ◯

市面上可以买到用来涂抹面包的无胆固醇橄榄油。

果酱 ✕

新鲜水果 ◯

果酱含有大量糖分，用新鲜水果加蜂蜜取代果酱，健康又美味。

奶油奶酪 ✕

低脂肪奶酪 ◯

使用低脂肪奶酪或山羊奶酪等低热量的奶酪。

黄油花生酱 ✕

黄豆粉 ◯

黄油花生酱的脂肪成分高，相对的热量也很高。黄豆粉则是低热量的营养食品。

肉酱类 ✕

切碎的熟蔬菜 ◯

肉酱的脂肪成分与热量都高。羊栖菜和豆渣等日式熟食小菜不仅热量低，和面包也很搭。

快读慢活

陪伴女性
终身成长

扫码认识慢小活
立享购书优惠

让面包拥有
更华丽的外观与美味

point 3

要搭配口味重的料理时，
就要选择加料面包！

用了丰富的黄油及蛋做成的
布里欧修面包，最适合用来
搭配口味重的料理，吃的时
候能够享受到两种味道融合
在一起的滋味。

point 1

讲究切法与摆盘方式，
展现华丽感！

将面包切片、装盘，让面包
主菜显得更加正式、华丽。

point 2

使用大型面包，
豪迈地装盘！

法国乡村面包或慕瑟琳布里
欧修面包等大而圆的面包。
也可以包装起来，当做送给
客人的礼物。

好棒呀！

看起来真好吃！

真漂亮！

面包不是配菜，而是主菜！

宴客时，主菜通常是豪华的肉类或海鲜料理，而面包经常只是附属性的食物。其实，只要下功夫去讲究面包的切法与摆盘，面包也可以成为主菜。

既然是宴客，共享食物的人必然比平时多，此时不妨购买平日不会买的大型面包，挑战一下大型面包的切法、料理与摆盘方式。

不过，要选择什么样的食材来与面包搭配，就非常重要了。简单的法国棍子面包，如果涂抹上鱼子酱或铺摆着火腿等奢侈的配料，就会变成华丽的宴客料理。

完成了主菜的准备后，还要选择搭配面包的酒（参阅 p.47）。如此一来，以面包为主的豪华餐桌便完成了。

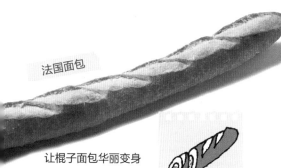

法国面包

让棍子面包华丽变身

挖去内层，填入色拉或配料，再斜切成片，就成了适合宴客的华丽料理（参阅 p.60 ）。

先把棍子面包切成两段，用叉子挖去内层，填入配料后再斜切。

切成四等分，再各自切成薄片，做成夹馅三明治，然后如图般配置摆盘。

乡村面包

建议这样的面包！

利用切法与摆盘，华丽变身！

把整个面包做成豪气的三明治

利用面包本身大而圆的形状来切片。完成后不仅外形好看，也方便取食。

三明治用吐司

布里欧修面包

两片吐司中间夹配料，或挖空吐司中心再填配料。适合做成一口大小的尺寸。

两种不同色的吐司，做成美丽的加料吐司

把白色吐司与褐色吐司（加入黑糖或黑麦的吐司）组合成双色吐司，就能够做出赏心悦目的加料吐司。也可使用菠菜吐司或南瓜吐司来组合。

切成稍厚的圆片，中间夹入果酱或奶油，再堆成塔状。

切成圆片后叠起来，像豪华的蛋糕

适合搭配肉类料理的布里欧修面包。将圆筒形的面包切成圆片，夹入配料后堆成塔状，就是华丽的布里欧修蛋糕。

变身为滋味温润而丰富的豪华料理

镶嵌新鲜奶酪的棍子面包

 宴客

番茄与黑橄榄

材料（1/2 根）

棍子面包	1/2 根
奶油奶酪	150g
低脂奶酪	100g
番茄干	40g
黑橄榄	20g

作法

1. 把奶油奶酪放在室温下软化，然后加低脂奶酪，充分搅拌、混合。
2. 把切成碎块的番茄干与黑橄榄加入 1 中搅拌。
3. 切开棍子面包的底，用叉子挖去面包心。
4. 把 2 结实地填入 3 中，用保鲜膜包起来，放进冷藏库中，让 2 冷却、变硬。
5. 奶酪变硬后，面包切成 1cm 厚的切片，摆盘上桌。

水果与蜂蜜

材料（1/2 根）

棍子面包	1/2 根
奶油奶酪	150g
马斯卡彭奶酪	100g
芒果、杏桃、菠萝等水果	100g
蜂蜜	随喜好

作法

1. 把奶油奶酪放在室温下软化，然后加马斯卡彭奶酪，充分搅拌、混合。
2. 把切成碎块的水果加入 1 中搅拌。
3. 切开棍子面包的底，用叉子挖去面包心。
4. 把 2 结实地填入 3 中，用保鲜膜包起来，放进冷藏库中，让 2 冷却、变硬。
5. 奶酪变硬后，面包切成 1cm 厚的切片，摆盘上桌。可随喜好添加蜂蜜。

和枪炮一起传入日本

与时俱进的日本面包史

面包传入以米饭为主食的日本以来，
已成为日本人日常饮食的一环。
面包在日本的发展，可说是几经波折。现在就来了解下这个过程吧！

公元前两千年左右（日本弥生时代前期）

小麦从中国传入日本。

八世纪

从中国传入蒸煮小麦的吃法（馒头等食品的起源，参阅 p.107）。

十六世纪

面包与枪弹通过漂流到日本种子岛的葡萄牙船传入日本。

基督教传教士在日本进行传教活动时，仪式中少不了面包与红酒。

但因为锁国时代的关系，当时面包并不普及。

公元一八四二年

伊豆半岛（静冈县）的代官江川太郎左卫门为士兵烧烤面包，作为携带用的军粮。与现在的干面包相似，可以长期保存。

公元一八五八年

日本结束锁国，横滨与长崎开港，作为外国人的居留地，开始有外国人在日本开面包店，之后也开始有日本人经营面包店，以及日本面包师傅。

为了纪念江川太郎左卫门制作了"兵粮面包"。
定四月十二日为"面包日"。

公元一八六九年

文英堂（木村屋总店的前身）销售的红豆面包大获成功，促使葡萄干面包、果酱面包等点心面包的陆续诞生。

十九世纪末左右

受到米价高涨的影响，日本境内发生了数起暴动，以面包为主食的情况逐渐扩大，出现以味噌或酱油、黄豆粉、蜜糖等佐料搭配面包的吃法。

公元一九一五年

东京丸十面包的创始人田边玄平开始研究制作面包的干酵母菌。经数次改良后，终于成功制作出以干酵母菌发酵制成的面包。即便不是面包师父从此，也能在家做面包，面包就更加普及了。

Part 3

见过这样的面包吗？

世界各国
面包的味道
与吃法

从以面包为主食的欧美各国，到面包发源
地的非洲，每个国家或地区发展出的面包，
都与当地的风土、民情息息相关。本章除
了介绍各种面包的历史外，还会比较其各
有特色的味道。一起来寻找喜欢的面包种
类吧！

法国的面包

　　法国面包的种类与形状，都是其他国家无法匹敌的，堪称是面包王国。适合当主食的无油面包（不使用蛋、油、糖等材料的面包）的代表有棍子面包、短棍面包、巴黎人面包等等。

　　与无油面包相对的，是加料面包（含许多副材料的面包）。布里欧修或可颂面包，就属于加料面包。

➡ p.66

德国的面包

　　严寒气候不适合小麦的栽培，所以德国北部有很多黑麦面包。黑麦面包的特征就是颜色深且较重，并有独特的香味与酸味。全黑麦面包、纯黑麦面包，是代表性的黑麦面包。

　　但是，德国南部可以看到很多小麦面粉制作的面包。尤其是早餐吃的各种小型白面包（也称为餐桌面包），大都以小麦面粉为原料。

➡ p.76

其他欧洲国家的面包

　　欧洲地区是以面包为主食，但不同的国家或地区吃的面包也各有不同。

　　有搭配料理吃的佐餐面包，例如英国的山形吐司、意大利的佛卡夏面包，也有像丹麦派那样的点心面包。

　　另外，象征收获的面包是传统活动或喜庆活动时少不了的一环。例如德国的圣诞面包、意大利的圣诞大面包、丹麦的克林格等等，都是以砂糖或水果装饰的华丽面包。

➡ p.86

同样是面包，味道却大不相同呢！

哇！有这么多种呀！

追求面包的各种吃法的"面包老师"　　喜欢面包的"面包妹妹"

面包是在哪里诞生的呢？

面包的发展与栽培面包原料小麦有关系。栽培小麦起源于公元前八千年到公元前七千年前左右的西亚。当时人们会将完整的小麦颗粒熬煮成粥食用。

哦，原来最早的时候，小麦是以粥的形式被吃到肚子里的呀！

大约在公元前六千年到公元前四千年之间，人们才慢慢想出把水加入磨成粉的小麦中，再把小麦面团拉长、拉薄，烘烤后再吃的方法。这就是无发酵面包的原

各种形状与味道
比较世界
各地的面包！
了解味道与口感的不同后，就能发现更美味的吃法。

南北美洲的面包

贝果与汉堡包是美国的代表性面包。美国有来自各地的移民，移民带来了各个地方的特色面包，肉桂卷可说是最纯粹的美国面包吧！

同样有着很多移民的巴西也拥有丰富的面包文化。巴西也有法国棍子面包或热狗，但说到地道的巴西面包，就会想到有名的干酪面包球。至于墨西哥，除了有玉米粉做成的墨西哥玉米薄饼外，还有从西班牙传来的面包。

➡ p.100

非洲、亚洲的面包

西亚到中东是以不发酵面团制成扁平面包的发源地。直到今日，这个地区的许多国家仍然以传统的半烤面包为主食。

此外，埃塞俄比亚的扁面包"英吉拉"是以小麦以外的谷类制作。至于中国的"面包"则不是用烤的，而是蒸的，例如馒头、花卷等。

➡ p.104

形。接着，小麦传入埃及后，在偶然情况下做出了发酵的面包。这样的面包后来又传入希腊，而发展出包着蜂蜜或奶油的面包。

 这和现代的面包很像了。

 后来面包又从希腊传入罗马，并且传遍了整个欧洲。世界各地除了以面粉做的面包，也会利用其他材料做面包，例如黑麦等等。还有，各地的面包形状与做法，也会有所不同。大都以当地生长的作物为原料，并且会配合当地的风土，做出各种不同的面包。

 原来如此！难怪面包会有这么多种类。

 近来面包很受欢迎，即使不出国也能吃到世界各地的面包。接下来就比较一下各国的面包有何不同吧！

法国"

以代表性的长棍、短棍面包为首,
另有可颂面包、布里欧修等加料面包、乡村面包,品种真的非常多。

法国面包的代表

长棍面包
Baguette

外皮酥脆,内层松软;
口感非常平衡,怎么吃
都吃不腻。

因为只使用面粉、水、
酵母和盐等基本材料,
所以味道单纯,可以和
任何食材搭配。

棍子面包是法国面包的基本款

只以面粉、水、酵母、盐等基本材料制作的无油面包。其中,长棍、短棍、长笛等以法国面包面团烘烤出像棍子一样细长的面包,被统称为"传统面包"。在传统面包中,法国人最常食用的就是长棍面包。

长棍面包的法文名叫"baguette",意思为"手杖、棍子"。长棍面包的规格是:形状细长,烘烤前的面团重量为350克,在面团上面划出7~9道刀痕后,再放进烤箱烘烤。短棍面包、长笛面包或巴黎人面包也各自有粗细、长短及刀痕数目的基本规定。

不过,近年来这些基本规定已经逐渐不被重视,而是依照各店家的风格而做弹性变化。

品尝酥脆的外皮

长笛面包
Flûte

使用的面团虽与长棍面包相同。但是面包香气似乎更胜一筹呢！

因为长笛面包比长棍面包瘦，面包心比较少，所以更容易让人感觉到外皮的香脆。

适合喜欢吃面包心的人

短棍面包
Bâtard

和长笛面包正好相反呢！胖胖的短棍面包有更多的面包心，口感比较柔顺。

对喜欢吃法国面包，且比较喜欢吃柔软面包心的人来说，就要选择短棍面包。

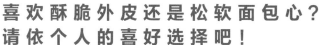

喜欢酥脆外皮还是松软面包心？
请依个人的喜好选择吧！

在宴会上很欢迎的面包

巴黎人面包
Parisien

好像比长棍面包胖了一圈呢！想跟朋友们一起开心分享！

巴黎人面包烘烤前面团的基本重量是 650 克。因为切片之后的断面比较大，所以适合做成宴客时的单片三明治。

献给喜欢软绵面包心的人

圆球面包
Boule

 明明和棍子面包使用了相同的材料，吃起来却觉得分外松软，让人印象深刻。

 这是因为圆球面包的面包心特别丰富的关系。切成有点厚度的片状，烤过再吃也很好吃。

用相同的材料制作
各种形状大小的面包

口感结实的法国面包

开口笑面包
Fendu

 面包不是很大，但因为面包体很结实，所以会觉得很有饱足感。

 因为有较深的切痕，所以面包心变得结实了。如果要烤过再吃的话，最好先切成薄片。

品尝和棍子面包不同的口感与风味

　　法国还有很多面包也使用和棍子面包等"传统面包"相同的材料，但做出来的形状却各异。这模样与棍子面包大不相同的面包，统称为"幻想面包"。

　　幻想面包有圆如球一样的圆球面包，有像香菇一样的蘑菇面包，像麦穗一样的麦穗面包，像香烟盒一样的香烟盒面包等等形状特别的面包。

　　虽然使用的材料和棍子面包相同，但是因为形状不一样，吃起来的口感与味道也会有所差异，让人感受到不同的乐趣。

　　因为形状一改变，酥脆的外皮和内侧软绵面包心的比例就会随之产生变化，所以吃起来的口感与感受到的风味就不一样了。

适合佐餐的小巧尺寸

蘑菇面包
Champignon

 模样果然很像蘑菇呢!

 这是把圆球面团放在圆盘状的面团上,倒过来放着发酵的结果,就形成蘑菇模样的面包了。蘑菇面包体积不大,很容易吃。

形状特殊而方便撕裂、进食

麦穗面包
epi

 这是模拟麦穗形状做出来的面包吧? 是怎么成形的呢?

 在棒状面团上加入切痕,再将切割的部分交互错开后烘烤。麦穗形的面团很容易受热,所以能烤出外皮酥脆、香气四溢的面包。

因为纵切的痕迹而得名

切痕面包
Coupe

 面包的样子明明像橄榄球,为什么会叫作切痕面包呢?

 因为做好的面团在进入烤炉前,会被画上一道大大的切痕,所以叫作切痕面包。

以香烟盒为模型的面包

香烟盒面包
Tabatiere

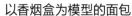

 果然和名字一样,很像香烟盒,上面的面包壳,看起来就像是香烟盒的盖子。

 就像香烟盒也有大小不同一样,香烟盒面包也有不同的大小。

历史悠久的乡下面包

乡村面包

Pain de campagne

体积庞大，沉甸甸的乡下面包

乡村面包的法文"Pain de campagne"，意思就是"田园风面包"。乡村面包大都以小麦面粉为基础，再混入黑麦面粉或全麦面粉做成，形状为大的半球形，表面还撒满了粉。

乡村面包最引人注意的是它的体积，直径从 20 厘米到 40 厘米都有，大型的乡村面包重量甚至可以超过 1 公斤。

烤得恰到好处的乡村面包真的是愈嚼愈香，非常好吃。

因为加入大量的全麦粉，并使用野生酵母，所以有很独特的风味。

加入大量核桃，变身为香气四溢的无油面包

坚果面包的法文"Pain au noix"中，Noix 是指核桃，也就是说，坚果面包是加了核桃的面包。不过，有些坚果面包也会加入葡萄干或杏桃干等水果干。

坚果面包使用的是无油面包的面团，加入核桃后，味道变得更浓郁。坚果面包的形状大多为椭圆形或圆形，一般是切片吃，与黄油、奶酪特别搭。

切开看看

有点硬的皮。外皮上的核桃有点烧焦，吃来更香。

烤核桃散布在面团中。

满是核桃，香味扑鼻

坚果面包

Pain au noix

加了核桃的坚果面包更能耐饥，提高饱足感。

搭配黄油或奶酪，味道更浓郁，能够品尝到更丰富的滋味。

轻轻飘散着黑麦香

黑麦面包
Pain de seigle

根据黑麦比例而有不同的名字

黑麦面包的法文是"Pain de seigle"。Seigle 是黑麦的意思。以黑麦为主体的面包叫黑麦面包。面粉与黑麦粉的比率各占一半的叫混合麦面包，法文叫"Pain de méteil"。

黑麦面包的形状是四角形或海参形，切成薄片后食用。除了可以用火腿或奶酪佐食外，和牡蛎等贝类也很搭。

 黑麦的味道不是很明显，第一次吃的人也能轻松享用。口感也很饱满。

 这是因为面团的面粉比黑麦粉多的关系。烤过后涂抹黄油会更加美味。

飘散着香气，细心烤过的面包外皮。

 切开看看

结实有弹性的面包心。

卡士达酱的甜蜜滋味令人上瘾

葡萄干面包
Pain au raisin

 葡萄干与卡士达酱是绝妙的组合。面包体也有着甜甜的味道。

 用加入蛋与黄油的面团烘烤而成，非常适合当点心吃。

丰富的味道让它成为下午茶的宠儿

常常可以在法国的糕点店或面包店里见到，是法国非常大众化的面包。因为卷入非常多的卡士达酱，所以口感相当温润。吃的时候，同时可以品尝到浸过朗姆酒的葡萄干和甜甜的蛋黄酱，真的很幸福。

至于主体的面包部分，可以使用可颂面包的面团，也可以使用布里欧修面包、牛奶面包的面团。

黄油与鸡蛋的奢华滋味

布里欧修面包
Brioche

修士头布里欧修

慕瑟琳布里欧修

 甜甜的面包入口即溶。味道浓郁，让人觉得很满足。

 虽是点心，但因为不会很甜，所以也可以拿来搭配料理吃。布里欧修面包的种类很多，国内的布里欧修面包大多是小型款。

切开看看

··· 外皮烤上色后
特别香。

因为含有丰实的蛋与黄油，所以面包心呈现金黄色。

诞生于十七世纪的甜面包始祖

维也纳甜酥面包（参阅 p.151）中的一种，和可颂面包一样，都是从奥地利传入法国的面包。在加入砂糖的法国面包种类中，布里欧修面包的历史颇为悠久。

布里欧修面包的形状有很多种，有像戴着帽子的修士头面包（外形类似中世纪法国僧侣的头），也有圆筒形的慕瑟琳布里欧修、王冠形的王冠布里欧修等等。

小型的修士头布里欧修面包在国内比较受欢迎，不过法国人习惯把大型布里欧修面包切片烤过后，再搭配料理吃。

法国 **"**

浓郁的黄油香气与派皮般的口感是最大魅力所在

　　可颂面包起源于维也纳。

　　关于可颂面包的由来，有很多种说法。其中广为流传的是一六八三年时，为了纪念哈布斯堡家族的守备军击败奥斯曼土耳其，于是把土耳其军旗中的新月图案做成面包。不过，当时的可颂面包里并没有加黄油，现在的可颂面团经过了长年的改变，才发展为现今模样。

最大的特征便是酥脆的层层外皮

可颂面包
Croissant

 又酥又香的口感！吃的时候总会掉下来许多外皮的屑，就是面包酥松的证明。

 没错。久置的可颂面包不再酥松时，可以重回烤箱中加热，这样就能找回原有的酥松口感。

法国的甜面包基本款

　　把条状巧克力卷在可颂面包的面团里，是法国代表性的点心之一。酥松而香的可颂面包体与浓甜的巧克力，是绝妙的组合。在法国，这样的巧克力面包除了是点心外，也是早餐的餐桌面包。

融合了黄油与巧克力香浓滋味

巧克力面包
Pain au Chocolate

 浓郁的黄油与香甜的巧克力，真是奢华又美味的组合呀！

 为了品尝酥松可口的外皮，出炉后要尽早吃，不要放到湿软了。

73

纯朴而简单的风格

简单面包
Rustique

小麦味浓郁，纯朴的田园风面包

　　不使用黄油或砂糖的无油面包。法文 "Rustique" 是纯朴或简单的意思，如同名字，烘烤出炉后的模样与面团刚切割好的时候一样，只不过在表面上撒了一层粉而已，真的是非常简单的面包。

　　简单面包的外皮很薄，面包心吃起来的口感松松的，特征是可以吃到小麦的香味。还有就是奶油色的面包心里，有大大小小的气孔。

　　能够享受到小麦原有的单纯味道，口感轻松，所以适合与风味浓厚的食物一起享用。

看似有些硬，但其实相当湿润柔软，可感受到小麦的自然甘甜味。

因为不刻意定形，也不以手塑形，所以才能烤出这样自然的外形。

切开看看

外皮薄而松脆。

面包心有大大小小的气泡，吃起来弹性十足。

微甜的牛奶面包
牛奶面包
Pain au lait

以牛奶代替水，维也纳风的牛奶面包

　　用了很多牛奶或黄油等辅助材料的加料面包，形状以椭圆形为主，烘烤前用剪刀在面团上剪出切痕。因为切痕像小小的尖角，所以这种面包也被称为"角面包"。

　　可以吃到微微的牛奶甜味，是这种面包的特征。

柔软的口感，牛奶的香味……令人怀念的味道！非常容易入口的面包。

沾红茶或涂果酱吃，都非常美味。

发源于法国南部的爽口面包
薄饼面包
Fougasse

用橄榄装饰扁薄的面团

　　这是发源于法国南部普罗旺斯至蔚蓝海岸地区的扁薄型面包。这种面包有独特的形状，像是南法嘉年华会的面具，也很像大片的叶子。

　　面团里可以揉入种种素材，例如黑橄榄或干燥的罗勒等等。

样子很特殊，简单的味道里还有香草或橄榄的香，也适合当做佐餐面包。

用高温一次烘烤而成，吃起来特别爽口。不涂抹黄油，蘸橄榄油吃更好吃。

德国

据说德国有一千两百种以上的面包，被称为是"面包之国"。
在德国，黑麦面包和小麦面包一样，是餐桌上少不了的食物。

以黑麦为主体的"黑色面包"

黑麦面包
Schwarzbrot

吃的时候没太在意酸味，但湿黏的口感令人惊讶。

黑麦面包的特征就是结构扎实，德国人吃黑麦面包时常佐以火腿或奶酪。

切开看看

如名称般，面包中带着黑色。

面包扎实紧密，口感湿软。

德国东北部的日常食物

以黑麦为主要原料的面包在欧洲被称为"黑面包"，是德国东北地区最普遍的食物。黑麦生长在寒冷且土地贫瘠的地区，所以成为德国、瑞士、奥地利、北欧、东欧等国的面包主要原料。

相对于"黑面包"，以小麦为主原料的面包被称为"白面包"。自罗马时代起，白面包便是欧洲西南地区居民的主食。不过，中世纪时，因为连年谷物不足，老百姓开始在黑麦里掺入小麦或大麦混着吃。一直到十八世纪末前，除了西欧的贵族外，一般老百姓都是吃小麦与黑麦混合的面包。

即使是小麦普及的现代，黑麦面包仍然是以德国为首的中、北欧或俄罗斯地区的日常面包。

散发出黑麦香，营养价值高的面包

　　全黑麦面包的德文是"Roggenschrotbrot"，其中"Schrot"在德文有"粗碾谷物"的意思，以麦子来说，就是去除谷粒胚芽之后的麦子。以去除胚芽后的黑麦为主体所做出来的面包，就是全黑麦面包。

　　比起使用精制黑麦做的面包，只去除胚芽的黑麦所做的面包营养价值高而均衡，可以吃到粗粗的颗粒，愈嚼愈有劲。在烤过之后，黑麦粉的香味会更显著。

　　黑麦面包的形状也有很多种，像是胖胖的四角形，以及上面有切痕的圆形面包。全黑麦面包在口味上可以有种种变化，例如在面团中加入葵花籽或杂粮等食材，做成不同口味的全黑麦面包。

扎实的口感，简单而好吃的味道，香味能够勾起人的食欲。

因为是使用了全黑麦粉制成的面包，轻烤之后香味会更浓哦！

浅灰色的面包心，可以看到黑麦的颗粒。

切开看看

散发淡淡面包香。

能感觉到黑麦的香
全黑麦面包
Roggenschrotbrot

类似米饭的口感是其特征

纯黑麦面包
Pumpernickel

纯黑麦面包沉甸甸的呢！独特的风味也让人忍不住想吃！

以百分之百的黑麦制成，因为有着焦糖般的甜味，与酸味食材也很搭。

切开看看

因为水分含量高，切开时，蛋糕会沾附在刀刃上。颜色则像砖块一样的黑。

切片的时候很容易掉屑。

纯黑麦面包是蒸制面包，所以有 Q 弹口感

　　纯黑麦面包用酸酵头发酵黑麦粉面团而成，是德国西部的北威州（北莱茵－威斯特法伦州）的传统面包。

　　纯黑麦面包的最大特点在于咀嚼时的柔韧口感。在摄氏 100 度的温度下，蒸煮 15 ~ 20 个小时而成。因为经过长时间的低温加热，黑麦中的淀粉甜份便被提引出来了。另外，造成柔韧口感的原因，是因为蒸煮的过程中，面团保留住了不少水分的关系。

　　纯黑麦面包的最佳享用期，是蒸煮后的第二天，等面包完全放凉后，切成薄片，搭配火腿或奶酪一起吃。此外，腌渍鱼、肉酱、肝酱等食材，原本就和有酸味、味道重的食物很搭，所以是纯黑麦面包的好搭档。纯黑麦面包也很耐放，放了一个星期仍然很好吃。

德国 ▬

加了面粉，更加顺口

黑裸麦面包中的黑麦粉与面粉的比率是：黑麦粉占 50 ~ 90%，面粉占 10 ~ 50%。

黑裸麦面包比起黑麦成分更高的全黑麦面包、纯黑麦面包顺口好吃，也仍然保有黑麦面包特有的酸味与香味，越嚼越有味。

> 切开看看

····带着淡淡灰色的面包内层相当扎实。

····能感受到黑麦面包独特的香气。

黑麦粉的比率高于面粉

黑裸麦面包
Roggenmischbrot

 因为口味和香味都不会太强烈，所以顺口容易吃。也有这样的黑麦面包呀？

 因为原料里混合了面粉，所以就变得更容易入口了！

以面粉为主要原料，是顺口的佐餐面包

以面粉为主要原料，只掺入少量黑麦粉（10 ~ 50%）的面包。因为掺入的黑麦分量不同，有些小麦面包或许会让人感觉到轻微的酸。不过，基本上小麦面包都是很顺口的。小麦面包可以直接享用，也可以涂抹黄油，铺放蔬菜、奶酪等，做成单片三明治。微烤后吃也很好吃。

不喜欢黑麦味道的人也 OK

小麦面包
Weizenmischbrot

> 切开看看

····外侧的皮有点硬，而且有弹力。烘烤后的颜色非常漂亮。

 几乎感觉不到黑麦的味道。直接吃或做成三明治都好吃！

 切成 10mm 的面包切片后，加上蔬菜和其他配料一起吃，真的非常美味。

带着些微灰色的内层，比黑裸麦面包更膨松。

如外表般的酥脆好入口

圆面包
Schrippe

很容易吃的小型面包

在德国，用餐时吃的小型面包（烤好后的重量在 250 克以下）叫作白面包或餐桌面包。德国境内各个店家，都有不同特色的白面包，据说种类高达数千种。

圆面包也是其中一种，大小和奶油卷差不多，很容易吃。

 大小刚好容易吃完，吃起来很轻松，搭配任何配料都好吃。

 适合早餐时吃的面包。可以像吐司一样，涂抹黄油或果酱吃。

以向日葵的种子做装饰

葵花籽面包
Sonnenblumen brötchen

烤过后更香的葵花籽面包

葵花籽面包和圆面包一样，也是白面包的一种，可以直接吃，但是烤后的葵花籽香气更浓，所以建议烤过之后再吃。

除了葵花籽外，南瓜籽也是很好的面包装饰食材。

 葵花籽的香气与风味是重点。虽然是小型面包，但是能带来饱足感。

 装饰的食材可以增加朴素面团的风味。蘸一点黄油吃的话，能更增添浓厚的口感。

芝麻与谷物的丰富滋味，是杂粮面包的特征

　　原文当中"Voll"意指"完全的"，"korn"是"谷物"的意思。所加入的杂粮并不一定，通常使用小麦、黑麦、大麦、小米及稗子。杂粮面包是能同时满足健康与口味需求的面包。

　　左图的杂粮面包加入了芝麻，且为黑麦比率较高的面包，因为芝麻的香气而让面包变得更顺口。

芝麻的风味和耐咀嚼的口感令人着迷！外表看起来很硬，其实相当柔软可口。

芝麻香成为重点了！这样的面包也很适合搭配培根或肉酱吃。

芝麻的香让面包变得更顺口

杂粮面包
Vollkornbrötchen

可享受各种吃法乐趣的简单面包

　　"Jaeger"是"猎人"的意思。和圆面包一样，也是餐桌面包的一种。虽然猎人面包也使用了黑麦，但是混合率不高，淡淡酸味和独特风味以及有点弹性的口感，让人很喜欢。

　　没有做任何华丽装饰的面包，纯朴的外表和味道就是它的魅力。

充满了朴实与野性的味道

猎人面包
Jaegerbrötchen

外皮硬，而内层柔软，口感上比法国面包更有弹性。

味道清爽，也很容易搭配料理的面包。刚出炉后，撕成小块吃也很好吃。

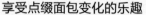

享受点缀面包变化的乐趣

圣魂面包
Seelen

口感轻松，味道也很清爽。我喜欢葛缕子籽的圣魂面包。

因为以无油的简单面团为基本，所以装饰用的食材变成了焦点。还可以配合装饰食材，选择果酱或黄油一起食用。

在德国各地广受欢迎的无油面包

硬脆且厚的外皮，弹牙的面包心，真是令人愉快的面包。

传统上以清爽的无油面团为基本，再于面团上撒岩盐和葛缕子籽（Caraway Seed）后烘烤而成。不过，近年来这样的传统已经产生一些变化，除了岩盐和葛缕子籽外，奶酪、芝麻等食材，也成为圣魂面包上的装饰食材。

圣魂面包原本只是德国西南施瓦本地区的面包，现在已普及到德国各地。

德语"Seelen"是"灵魂"之意。基督教会在"慰亡节日"时供奉红酒与面包，借此安慰死者，并且祈求来年丰收，所供奉的面包便是圣魂面包。

圣魂面包可以当做点心，也可以作为用餐时的面包，与配料一起食用。

德国 🏴

模仿手臂，模样独特的面包

　　扭结面包的德文 "Brezel" 来自拉丁文 "Brachitellum"，其语源是 "Bracchium"（手臂）。中世纪以后，像两只手臂交织在一起的图案便成了西欧地区面包店的符号。

　　扭结面包的类型有两种，一种是面包上有切痕的，一种是没有切痕的。

　　扭结面包使用了大量的酵母，制作过程中少不了让面团发酵的时间。这种面包的特征就在于光泽的褐色表面，这是因为发酵后的面团要浸过碱水（将氢氧化钠稀释到只有 2 ~ 4%），再进烤炉烘烤的关系。扭结面包的口味有许多种，最常见的是撒了粗盐粒的，或是以奶酪粒做装饰的。

令人注目的下酒小菜

扭结面包
Brezel

带着粗盐粒的咸味，加上必须使点劲的咀嚼口感，此时再来上一杯啤酒，真是享受。

这是经常能在德国的街角或啤酒屋见到的面包。有各种种类哦!

83

代表性的圣诞节点心

圣诞面包
Stollen

撒满了砂糖，但甜而不腻！看起来像糕点，口感却像面包！

虽然很像水果蛋糕，但毕竟还是面包，所以吃起来还是很爽口的哦！

用糖粉装饰的华丽点心

　　圣诞面包里面有很多泡过朗姆酒的水果干和坚果，而且为了能够保存更长久，制作面团时还使用了大量的黄油与砂糖。

　　至于圣诞面包的大小与里面的素材，则是各有不同。圣诞面包的面团虽然是面包体，但吃起来却像蛋糕一样软绵，并且有着奢华的甜蜜滋味。

　　在德国，从圣诞节的四个星期前，人们就要开始准备四支蜡烛和一个圣诞面包来迎接耶稣降临，然后在每个星期天点一支蜡烛，吃块切片的圣诞面包。就这样，房间渐渐变得明亮、温暖，在圣诞节来临的时候，四支蜡烛全都点完，圣诞面包也正好吃完。

德 国 ▬

甜中带着一丝苦味，模样像蜗牛的点心面包

德语"Nuss"是指坚果或核桃等树木的果实。是在松脆而入口即化的面团里揉入树木果实，再加以烘烤而成的面包。面包上面虽然施以糖霜，却更凸显了坚果的微苦味道，让这样的面包变得深沉有味。

"Schnecke"是蜗牛的意思，源自于螺旋状的外形。

坚果口味，受欢迎的点心面包
坚果蜗牛面包
Nussschnecke

虽然是甜点面包，却带着些微坚果苦味。甜而不腻。

最适合下午茶的点心面包。适合搭配咖啡。

同样是油炸面包，各地区的名称与形状都不同

据说油炸面包是甜甜圈的原型。在面团里掺入葡萄干，放进油锅里炸，外面再裹砂糖就完成了，但传统型的油炸面包里面，包的是木莓果酱。

德国各地对油炸面包的称呼不见得一样，在某些地方称之为"Berliner"，也有些地方叫它"Pfannkuchen"。除了名字不同外，形状上的变化也很丰富。

以为会是松脆口感，但里面是软膨细密的面包体。

说是面包，但它更像泡芙。因为经过油炸，所以体积膨胀了。

节庆时吃的油炸面包
油炸面包
Krapfen

其他欧洲国家

制作面包的方法，与基督教一同从罗马扩散到整个欧洲。
配合当地饮食文化，各种面包应运而生，也成为饮食文化的一部分。

■…意大利　▬…丹麦　▧…英国　▮…爱尔兰　✚…瑞士　▬…俄罗斯　✛…芬兰　▬…西班牙

散发橄榄香的面包

佛卡夏面包
Focaccia

起源于古罗马时代的传统扁平面包

源自古罗马时代意大利西北部热那亚的烤扁平形面包。

"Focaccia" 是用火烧烤的意思，佛卡夏面包扁平的形状，据说是披萨的原型。

基本上佛卡夏面包也是无油面包，不过，在面团中加入橄榄油，是现在佛卡夏面包的主流。

佛卡夏面包有点咸味，所以很适合当做下酒的小菜。

在意大利经常被拿来当做配酒的小菜，也常成为帕尼尼（panini）面包的代替品。

湿润而 Q 弹的口感

拖鞋面包
Ciabatta

味道接近法国的棍子面包，和橄榄油非常搭

意大利文 "Ciabatta" 是拖鞋的意思。外形就像名字一样，是扁平的椭圆形或长方形。

无油面包的外皮通常是酥脆的，但面包心却有柔韧的口感。可以横着切开后，夹入火腿或奶酪吃。

温润而 Q 弹的口感，吃起来很有饱足感，并且还可以感觉到面包的微甜。

那是面粉的甜。加入橄榄油和盐的面团所做成的面包，真的很好吃。

切开看看

外皮薄脆，和内层的温润口感，形成对比。

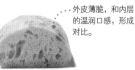

因为水分较多，所以面包心有弹力、湿润。

硬脆的前菜面包

面包棒
Grissini

意大利料理少不了的面包

咸咸的滋味，坚实耐嚼的口感，作为下酒的小菜再适合不过了。起源于意大利的都灵，是意大利餐厅里经常可以看到的面包棒。

至于面包棒的吃法，可以直接吃，也可以搭配火腿或奶酪，成为喝葡萄酒时的小菜。

坚实的面包体愈嚼愈香，味道也很清爽。

用火腿包卷起来后，蘸着橄榄油吃，就是一道美味的前菜了。很适合当下酒的小菜。

早、午餐都不可少的玫瑰形面包

"花环面包"是早餐或午餐的主食，因为有着类似玫瑰花的形状而得名，最大特征就是面包体里面的大空洞。

对半横切后，可以夹入配料，做成三明治，也可以塞入色拉或巧克力，尝试做出不一样的吃法。

一口咬下时，可以感受到松脆的口感。吃到面包中心的空洞时，会让人吓一跳呢！

面包心内的空洞愈往上面鼓起，愈表示火候足够，是烤得恰到好处的证明。

皮很薄，酥松且香。

特征是内层的大空洞

花环面包
Rosetta

切开看看

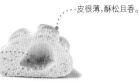

面包心内的空洞部分，可以填入其他食物。

起源于米兰的发酵点心面包

圣诞大面包
Panettone

使用大面包种发酵的点心面包

　　圣诞大面包是圣诞节时吃的发酵性点心面包，也是意大利加料面包的代表。

　　使用大面包种酵母，以传统制法烘烤出来的圣诞大面包不仅香气袭人，而且有很长的保存期。很适合搭配发泡葡萄酒等碳酸饮料，再加上马斯卡彭奶酪或生奶油，可以说是豪华级的享受。

面包心里面有糖渍水果干！非常令人满足的面包体，口感也很柔顺。

烤出来颜色深一点的更好。切的时候不要撕开纸模，直接纵切后分着吃。意大利人就是这么吃的。

被称为黄金般的面包，充满豪华感

　　起源于意大利的维罗纳地区，使用大量的蛋黄与黄油，可说是世界级的豪华面包。

　　黄金面包的特征是，星星模样的梯形体，以及有如戚风蛋糕般的柔软金黄色面包心。面包上面还撒满了糖粉，味道当然也和外形一样的甜蜜华丽。

味道像蛋糕一样的金色面包

黄金面包
Pan doro

在烤成深褐色的外皮上撒糖粉，带来奢华的甜味。

就像蜂蜜蛋糕一样柔软，膨松又甜美。

建议要吃之前再撒一次糖粉，更添奢华口感。

切开看看

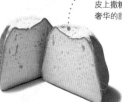
如名字般，面包心是金黄色的并且柔软又湿润。

因无与伦比的酥脆口感而大受欢迎

　　说到源自丹麦的面包，大家都会想到将黄油层层叠起来的丹麦风酥皮面包。

　　罂粟籽面包也是其中之一。

　　层层纤细而薄的酥皮，吃到嘴里化为酥松的口感，最上层的罂粟籽更增添了面包的独特风味。

在适度的甜中，品尝黄油的风味

罂粟籽面包
Tebirkes

表面的罂粟籽是丹麦人喜欢的素材。

切开看看

体积看起来不小（13cm×9cm×6cm），其实里面很膨松，层层的面包皮中间有很多的空隙。

 口感酥松，酥皮似乎在舌头上就溶化了。微微的甜味是因为黄油面团的缘故吗？

 没错。酥松的口感与香醇的黄油风味，就是它受欢迎的理由。

蛋奶酱与甜油酥面团是绝配

　　把蛋奶酱放在丹麦油酥面团中间烤出来的点心面包。

　　甜而不腻的原因就在于嵌在里面的杏仁糕。华丽的油酥皮再加上糖霜所完成的面包，是非常棒的点心。

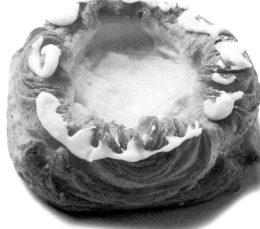

高雅的蛋奶酱搭配油酥面团

蛋奶酥皮派
Spandauer

 确实很甜，但吃起来很轻松，不会觉得腻，很快就可以吃完。

 酥脆的外皮与丰富的蛋奶酱组合，真的很好吃。刚烤出来时，是最佳的享用时机。

奶油的甜味中隐藏着葡萄的酸

油酥面团包裹着蛋奶酱、黄油酱和浸泡过朗姆酒的葡萄干烘烤而成。"Smor"指奶油，而"Kager"是蛋糕的意思。就像名字一样，不管是外表还是口感，都会让人联想到蛋糕的奢华。

外表和口感都像蛋糕

奶油蛋糕面包
Smor Kager

切开看看

香脆外皮和甜甜内层有着绝妙的平衡，分量也足够。

奶油蛋糕面包的直径约是 20 厘米，可以切成右边那样的小块分着吃。

卷在中央满满的糖霜，为外形与口感都更增美味。

与外侧酥脆的口感形成对比，里面因为甜甜的奶油而变得柔润。

甜油酥皮让肉桂风味更迷人

与罂粟籽面包一样，都是丹麦人喜爱的糕点，以油酥面团裹卷肉桂粉，卷成旋涡状后烘烤而成的点心面包。

因为上面有糖霜而带有甜味，不过油酥面团的酥脆口感与黄油的风味，是它迷人的重点，非常适合作为点心。

高雅的甜丹麦油酥皮

奶油蜗牛酥
Smor snegle

肉桂部分有点水气且有香气。比起肉桂卷面包，奶油蜗牛面包因为油酥皮的关系，吃起来更轻松。

有人说这是模仿肉桂卷的点心面包。油酥皮的点心最好在烘烤出炉的当天就吃掉。

好大呀！不过味道很高雅。香甜滑润的奶油与松脆的酥皮真是绝配啊！

以杏仁片做点缀的甜点，最适合喝咖啡时品尝。

仪式时用的超大型酥皮派

克林格
Kringler

可以共享的特殊酥皮点心

有着"丹麦酥皮派之王"称号的特别面包，是直径约 37 厘米的超级大面包。

通常在庆祝生日或节日、圣诞节等特别时候，会向面包店订做这样的大面包。由寿星买克林格，分切给朋友或同事吃，以此分享自己的幸福，是丹麦人特有的习俗。

把黄油、杏仁糕、蛋奶酱叠起来，再铺满浸泡过朗姆酒的葡萄干，做成筒状后，放进面团中，再塑好形，就是克林格的基本做法。

完成基本形状后，再把切薄的杏仁片排放在上面，放进烤炉内烘烤，就能完成一个表面又酥又香，内侧奶油湿润而甜的克林格，是最适合庆祝用的完美点心面包。

切片后烤得香酥可口 🇬🇧

英国吐司
English bread

不盖盖子烘烤出的山形吐司

　　面团放进模型后，因为没有盖盖子，烘烤时面团会做纵向的伸展，形成山的形状。英国很少看到大片的吐司，通常在店里看到的都是切成 7 ~ 8 厘米的吐司薄片。

　　烤过的吐司除了可以抹黄油或果酱外，也可以做成三明治，成为下午茶的好搭档。

 方形吐司也可以吃到松脆的口感。BLT 三明治（夹培根、生菜、番茄的三明治）常用的就是这样的烤吐司片吧？

 烤过之后更好吃。非常适合用于烤吐司三明治。

含有较多水分，口感有韧性，非常有魅力

　　起源于英国，却在美国发扬光大的面包。

　　因为发酵的面团放在铁板上烘烤时，会黏在铁板上，所以要先撒玉米粉在面团上再进行烘烤，防止粘黏的情况。这是英国玛芬面包上面为什么有一层玉米粉的原因。不过，现在已经有可以解决这种问题的专用铁板或模型。

口感柔软，人气渐增的面包 🇬🇧

英国玛芬
English muffin

 英国玛芬是最近很受欢迎的面包。为什么口感会这么有韧性呢？

 因为面团只经过短时间的高温烘烤，没有完全烘烤透，面团里保留着相当多的水分，所以会有 Q 弹口感。

口感柔软得像蛋糕

爱尔兰面包
Irish bread

 面包皮有点硬，但内层柔软而微甜。

 这是因为没有使用面包酵母，可以享受不烤而直接吃的软润感与甜味。

不经发酵，很快就可以烤好的无油面包

　　爱尔兰面包别名"苏打面包"，是因为使用小苏打让面包体膨胀。因为未经发酵，所以在某些国家并不被归于面包类，不过，这样的面包在爱尔兰属于快速面包类（参阅 p.123），是相当普遍的面包。

　　另外，也有在面团里混入酸奶油或酸奶酪让面包膨胀的爱尔兰面包。这是利用发酵牛奶让小苏打和酸发生反应，面团会因此膨胀起来。

　　爱尔兰也有使用精制面粉做出来的白面包，但是，当地的主流面包还是以全麦粉所制作的"褐色面包"。

　　爱尔兰面包的面包心相当扎实，并且带着甜味，就像是口感较软的饼干。切成薄片后，不必烤就可以直接吃，也可以涂抹水果果酱后享用。

辫子面包虽是无油面包，但也会做成加料面包

德文"Zöpf"是辫子的意思。辫子面包的起源很早，除了瑞士之外，德国、奥地利、匈牙利等国家也有辫子面包。

从前，欧洲许多地区都有一家之主去世时，妻子必须陪葬的习俗。不敢抗拒习俗又不想陪葬的妻子们，便想出用辫子代替自己的方法，后来更逐渐衍变成以编织的面包代替真头发的模式，而编织形状也从双股编织变成六股，或各种形状的辫子。

辫子面包基本上以不甜的无油面包为主，不过，也有在面团中加入黄油或鸡蛋、砂糖，或掺入葡萄干，并且以杏仁片或碎糖做装饰的加料辫子面包。

传遍欧洲各地的编织面包

辫子面包
Zöpf

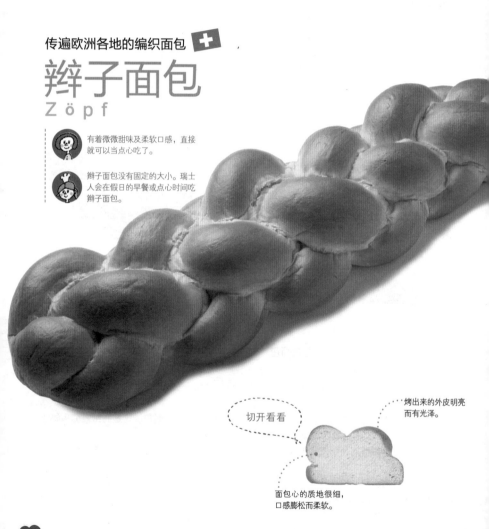

有着微微甜味及柔软口感，直接就可以当点心吃了。

辫子面包没有固定的大小。瑞士人会在假日的早餐或点心时间吃辫子面包。

烤出来的外皮明亮而有光泽。

切开看看

面包心的质地很细，口感膨松而柔软。

很实在的口感

黑面包

ЧЁРНЫЙ ХЛЕБ

切开看看

因为混入黑麦粉，所以外皮较硬，颜色也深。

面包心 Q 弹而扎实，可带来饱足感。

有酸味，面包体很结实。不过，切片后吃会比较好吃。

微烤之后再吃也 OK！口感会改变，可以品尝到不同的味道。

都很实在的面包

黑面包是搭配罗宋汤等俄国料理不可少的面包。以面粉或黑麦粉、荞麦粉等做成的黑面包在烘烤出炉后，要放置一天，才是最好吃的时候。

黑面包和俄国的形象很吻合，不过，事实上俄国人也吃用面粉制的白面包。

满满的馅料！除了油炸型的包馅面包外，也有烧烤型的呢！

这两种类型的包馅面包在俄国都很常见。咬嚼顺口的面团搭配美味的馅料，当然大受欢迎。

可以当点心或前菜，无论何时都受欢迎

以柔软面团包裹肉或蔬菜等各式食材，可煎、烤、油炸的面包。

俄国馅饼是俄国代表性的料理之一，既是点心，也是轻食，更是宴会上的前菜，也可以作为主菜，是非常受欢迎的面包。

广受喜爱的人气夹馅面包

俄国馅饼

ПИРОЖКИ

能够感觉到黑麦美味

酸面包
Happanlimppu

 外表很像黑麦面包，但比较容易入口，有愈嚼愈甜的感觉。

 切片后抹黄油吃，味道会更加温和。

不只酸，还有甜味与咸味，吃起来很顺口

芬兰位处寒带，谷类作物以耐寒的黑麦为主流，面包也是使用营养价值高的黑麦粉所做的黑麦面包为主。

"Happan"是"酸味"的意思，不过，虽然被叫作"酸面包"，吃的时候还是可以感觉到面包里的甜味与咸味。对于第一次吃黑麦面包的人来说，应该是比较容易入口的面包种类。

切开看看

面团里有黑麦的成分，所以面包心是灰褐色的。

面包皮是硬的。因为撒了粉之后才烘烤，所以面包的表面有裂痕。

加入马铃薯让面包有甜味

马铃薯面包
Perunalimppu

切开看看

因为快烤好前涂了糖蜜，所以拿的时候手会沾上褐色的糖液。

深褐色的面包心。因为面团里揉入了马铃薯，所以吃起来绵密而扎实。

 可以感觉到表面的糖蜜和马铃薯的甜味。味道好，也很香。

 放上黄油或奶酪，做成单片三明治更好吃。但保存期限不长，要特别注意。

口感实在的传统黑麦面包

芬兰文"Peruna"是"马铃薯"的意思。把马铃薯混入以黑麦为基底的面团中，所做出的面包含有丰富的食物纤维，吃起来滋润容易入口。

左图的马铃薯面包因为要添加风味，所以涂了一层糖蜜，颜色因此变得更黑。不过，不涂糖蜜也是可以的。马铃薯面包没有酸味，吃起来很扎实。

真的要用力咬！不过因为酸味不明显，所以并不难吃。当地人是怎么吃环形面包的呢？

会沿着环形上的沟切成一块块后分着吃。这种味道朴实的面包，最适合抹了黄油一起吃。

容易保存又营养丰富的开孔面包

环形面包和酸面包并列为芬兰的主食面包，是中间有洞，像甜甜圈般的扁平面包。这种面包以黑麦粉为主体，所以拥有丰富的食物纤维、维生素和矿物质。因为所含的水分少，皮也硬，所以要用力咬嚼。

以前这种面包会用专用的棍子贯穿起来，放在厨房里，可以长时间保存。

咀嚼黑麦粉的朴实滋味

环形面包
Fiaden ring

好像在吃包着奶油炖饭的面包，外表也很特别。

也有包着马铃薯泥的。加热后很好吃！

包着牛奶粥的芬兰风熟菜面包

用黑麦为基底的无发酵面团包着牛奶粥烘烤而成的面包。

对以米为主食的亚洲人而言，这是一种不可思议的食材组合，但令人想不到的是，清爽的咸味牛奶粥，竟然和黑麦的风味很搭。

在芬兰，牛奶粥面包除了是早餐的食物外，也是招待客人的料理。

包着牛奶粥的熟菜面包

牛奶粥面包
Karjalan piirakka

象征面包大国的大面包

西班牙乡村面包
Pan de payés

因为味道简单，可以尝试各种吃法的变化，这一点最棒了。

无油面包只要再微烤一下，就可以搭配任何食材。适合跟大家一起分享。

可以有各种吃法，味道朴实的面包

说到大面包，大家都会想到法国的乡村面包，但是，西班牙也有类似的简单又朴实的面包。

西班牙乡村面包起源于西班牙东北部加泰罗尼亚地区。西班牙文"Payas"是"农家"的意思，就如同名字一样，朴实的口味就是它的特色。

西班牙乡村面包基本上是不使用蛋或黄油等副材料的无油面包，但是也有在面团中揉入橄榄油的西班牙乡村面包。这种面包的内层有粗气孔，面包皮则烤得酥脆且香。

面包的味道虽然简单，却有种种吃法，最普遍的便是切片后涂橄榄油，或是铺上番茄。

利用猪油和砂糖的点心面包

鸡蛋面包卷
Ensimadasu

微微的甜，面包软而容易吃，是很棒的点心。

面团里卷入猪油砂糖糕，味道特别浓郁。

起源于阿拉伯国家的微甜点心面包

西班牙东部的马约卡岛上广受欢迎的甜点面包。不过，据说这种面包的起源地是阿拉伯诸国。

鸡蛋面包卷的形状有大有小，面包里还可以填入各种馅料，最常见的是以南瓜为基底的甜奶油酱。

配料的选择非常丰富

佛内尔饼
Coca de forner

我在西班牙餐厅里吃过一种像披萨的面包。看来应该是甜饼？

那是在西班牙乡村面包的面团里加猪油或砂糖做的点心。面包质地松松软软，吃起来有温和的甜味。

爽脆的咬嚼感，是很理想的点心

有甜的口味，也有可当餐点吃的咸口味。

佛内尔饼是甜点类，通常以松子作为点缀，也有与橘子等水果组合在一起的甜饼。

作为餐点的饼类面包当中，较有名的是雷卡布特饼。特征是饼上面会铺放炒蔬菜或腌鲱鱼等各种食材。

美洲

来自各地的移民，为北美洲带来各式各样的面包。
南美洲则有许多用小麦以外的原料所制作的面包。

▇▇▇…美国　▇▇▇…墨西哥　◉…巴西

为汉堡而存在的小型圆面包

　　说到美国人最熟悉的三明治（夹馅面包），当然就是汉堡了，而汉堡少不了这样的面包。

　　汉堡面包使用的是无油面团，轻轻烤过后，表面就会变得酥香，里面的面包心则是膨松软绵。汉堡面包本身微甜，可以提引出夹在面包里的肉或蔬菜的美味。

　味道和奶油面包相似。微甜而膨松的口感很容易入口。

　没有独特的味道，微烤之后，表面会变得又酥脆而香，非常可口。

汉堡少不了的面包 ▇▇▇

汉堡面包
Bun

　柔软而轻松的咀嚼感，真的很容易吃。和汉堡面包很像。

　这是为了夹住热狗而诞生的面包，所以是细长形的。

简单的风味与柔软的口感，凸显热狗的风味

　　热狗与汉堡都是美国饮食文化的代表，是美国人午餐与点心时刻最常见的食物。

　　热狗面包是热狗的专用面包，外观接近法国的切痕面包，吃起来更轻松，咬嚼不费力是它的特色。在面包表面上画出切痕，打开切痕就可以夹入热狗了。

为了热狗而诞生的面包 ▇▇▇

热狗面包
Hot dog buns

肉桂卷
Cinnamon roll

甜味与肉桂的香气，是肉桂卷的特色。挺有分量的肉桂卷面包，却很容易一下子就吃掉一个！

有些肉桂卷的糖霜里还溶入了奶油奶酪，使味道更加浓厚。

最大魅力便是肉桂的香甜，是美国点心的代表

用面团一圈圈地把肉桂粉卷起来烘烤，再在面包上点缀满满的糖霜，这是标准型的肉桂面包。使用加料面团，肉桂的香甜会勾起人的食欲，是美国人普遍喜欢的点心面包之一。

拥有专卖店的人气面包

贝果
Bagel

原本是犹太人的星期日早餐面包

贝果面包起源于十七世纪后半，当时是犹太人星期日早上吃的面包。随着犹太人移民到美国，贝果面包也进入了美洲大地。

贝果的面团因为经沸水煮过再被烘烤，所以吃起来特别有弹性。贝果的面包心很扎实，也很有嚼劲，能够带来饱足感，是近年来大受欢迎的健康面包。

贝果面包体有硬型的也有软型的。口感Q弹、结实，让人好喜欢！

贝果的口味种类很多，找出一个自己最喜欢的口味吧！

旧金山酸面包
San Francisco
sour bread

 刚入口时会吓一跳的面包。外观口感和法国棍子面包相似，但是味道大不相同，是有酸味的面包。

 虽然是用面粉做的面包，但并不是使用面包酵母发酵，而是使用野生酵母（酸种）发酵的面包，所以有独特的风味。

切开看看

烤上色的皮薄且硬。

白色面包心很有嚼劲，口感类似法国面包。

酸种面包的复杂酸味

说到酸面包，大家马上会想到外观色泽深暗，看起来沉甸甸的黑麦面包。不过，旧金山的酸面包打破了这个既定的观念。

酸面包是以小麦或黑麦为基底，培养出以乳酸菌或酵母为主体的复合微生物所做出来的面包。因为酸种能提高乳酸菌的活性，产生独特的风味与酸味。以欧洲为中心，世界各地都在培养酸种，但酸种的味道会因为各地不同的风土，而出现不同的味道。

旧金山酸种面包起源自十九世纪中叶，是蜂拥至旧金山淘金的人们所吃的面包。尖锐的酸与海鲜料理非常融合。在旧金山渔人码头可以吃到挖空酸面包内层后填入蛤蜊浓汤的"蛤蜊浓汤面包盅"，真的非常美味。

 味道简单而爽口，虽然是扁平形的面包，但却相当耐嚼，吃了很有饱足感。

 照片是面粉做的薄饼，可以卷配料吃，也可以折起来吃。

玉米粉做的薄饼

墨西哥薄饼
Tortilla

墨西哥传统的扁平烤面包，可以包卷喜欢的食物吃

把干燥的玉米粉用水揉成面团，成扁平状后，放在涂了油的铁板上，用专门的板子一边压，一边煎烤。

也有在玉米粉中加入面粉的薄饼，或只用面粉做的墨西哥薄饼。吃薄饼的方法除了用薄饼卷蔬菜或辣椒、肉类等做成卷饼的方式之外，也可以把薄饼撕成小块直接吃。

 口感很棒，些许咸味的味道也很好。可以当点心，也可以佐酒吃的面包。

 在巴西，人们很喜欢把奶酪面包球当做餐前的点心或轻食吃。一般的咖啡店菜单也一定会有这一道。

独特的口感与奶酪的风味是大特色

木薯淀粉是奶酪面包球的原料。在木薯粉里加入奶酪、鸡蛋，揉搓成乒乓球大小的面团后，不须经过发酵，直接放进烤炉烤，就可以烤出奶酪面包球。葡萄牙语"Pão"是面包的意思，"Quejio"是奶酪的意思。

奶酪面包球在国内也很受欢迎，市面上甚至可以买到混合好的材料粉，可以在家里自行烤奶酪面包球。

木薯粉做的面包，口感非常韧

奶酪面包球
Pão de quejio

非洲、亚洲

由美索不达米亚文明传来的传统扁平面包，是非洲及中东地区的主食。
另外，当小麦传入亚洲后，亚洲则诞生了不用烘烤，而以蒸煮方式处理的面粉食物。

▆▆···埃及 ▆▆···印度 ▆▆···中国

把配料夹入内侧

口袋面包
Pita

可以吃到小麦的甜味。
面包本身的味道很清爽，
所以能够搭配各种食材。

可夹入肉、色拉、蛋、
豆类等食物。

在中东地区非常普遍的口袋面包

从希腊、伊朗、约旦等中东国家到北非，这一片广大的区域，居民普遍都会吃口袋面包。

因为店家使用的酵母不同，并且也有不经发酵制作的情况，所以各地口袋面包的厚度并不一致。不过，不管是什么厚度的口袋面包，都是对切后，才会看到可以夹入配料的洞。这就是口袋面包的特征，而这个特征是需要以摄氏三百度的高温才烘烤得出来。所以说，如果没有那样的烧烤设备，还真烤不出口袋面包。

口袋面包因为有口袋，所以能包夹肉或蔬菜等食物。另外，口袋面包虽然是面包，但有时也会成为餐桌上盘子或叉子的代替品。埃及人吃的面包也是这个形状。

摊开来的直径有 35 厘米！很大，而且很酸，是外观独特的面包！

英吉拉的特性就是酸！在埃塞俄比亚，英吉拉是和辣的食物一起吃的。

能够搭配辣料理的强烈酸味

英吉拉
Injera

像是荞麦可丽饼皮的薄烤面包

　　埃塞俄比亚的高原地带，种植了很多小麦、玉米、小米、稷等谷类。

　　英吉拉的原料是由"苔麸"所磨成的粉，因为是灰色的，做出来的饼很像用荞麦粉做的可丽饼，并且饼上到处有小气泡。苔麸有丰富的维生素、钙质、铁质，是健康的面包。

切开看看

表面充满小气泡。黏在纸上后，很难剥下，相当潮湿。

放在篮子里供人取用。食用时撕一片包裹炖煮的配料，蘸着酱油吃。

以面粉为主体的香料面包

达宝
Dabo

加入香料的用餐面包

　　在埃塞俄比亚，所有以面粉做成的面包都叫作"达宝"。面团里加入黑色小茴香、香菜、贝尔贝雷（以辣椒为基底，加入 14 ~ 20 种香料混合的调味料）烘烤出来的面包。

　　面包口味会因为加入的香料而不一样，加入的香料风味愈强，烤出来的面包味道就愈具刺激性。

有香料的香气和刺激的辣味。面包体膨松，吃起来不费力，可以配汤吃。

适合在早餐或午餐时，蘸黄油或酱汁类的调味料，搭配着炖菜吃。

可以感觉到小麦的风味 🇮🇳

麦香烙饼
Chapatti

印度人作为主食的食物

在全麦粉里调入水和盐，揉搓成面团后，不经发酵，只要擀成形，抹点油，在铁板上烘烤，就可以做出一张张的印度麦香烙饼。

一般印度家庭都会自制这样的烙饼作为主食。使用和烙饼同样的面团，还可以做成油炸的圆饼"Puri"，或用油煎的拉饼"Roti"。同样的面团，可以做出多种变化的印度饼。

味道朴实，但愈嚼愈香，嘴巴里全是小麦香气。

用饼卷起咖喱或炖煮的食物，然后送进嘴里吃。这是印度家庭每天都会做的主食哦!

会膨胀起来，味道丰实的餐桌面包 🇮🇳

印度烤饼
Naan

厚的地方吃来Q弹，薄的地方吃来酥脆。享受到品尝不同口感的乐趣。

刚烤好，热热的时候最好吃。久放变凉之后，可以放在开放式烤面包机上加热。

以特殊的壶形窑烤出来的面饼

"Naan"是波斯语"面包"的意思。受到波斯文化影响的地方，对面包的称呼就是"Naan"。

印度餐厅端出来给客人的树叶形烤饼，是印度北部地区的人常吃的"Naan"。以小麦面粉揉成面团，经过发酵后，贴在叫作"坦都里"的特制壶窑上烤即可。

正规的馒头

　　是圆圆的半球体形状的馒头，在中国其实叫作"包子"。真正的馒头里面，是不包任何东西的。馒头和白米饭一样，是餐桌上搭配料理吃的主食。

　　另外，"花卷"是和馒头使用相同的面团，但模样不同的面粉食物。

馒头的质地和包子外皮一样。味道淡淡的，有一点点的甜味。馒头可以搭配什么配料呢？

和有着甜辣酱汁的料理很搭哦！也可以夹厚的卤肉和生菜吃，非常好吃。

代替米饭成为餐桌上的主食

馒头
Mantou

下图是加了葱花的花卷。面团里有葱香，很能勾起食欲。

这样简单的食物，最适合与油脂多的中华料理做搭配。冷掉了以后只要加热一下，就可以恢复原本的美味，软Q有劲的咀嚼感好棒。

用和馒头相同的面团做的餐用面包

　　馒头是用面粉揉成面团，发酵之后蒸煮而成的食物，基本上里面不会添加任何食材。

　　花卷使用和馒头相同的面团，做成像花般形状后，蒸熟而成的食物，可以搭配热汤或菜一起吃。花卷的口味变化多，加入的食材不同，就会有不同的风味。除了葱花外，也可以加枣子、葡萄干或松子等等。

和配菜一起吃的蒸式面包

花卷
Huajuan

做出日本风味

用面包做日式酱菜

以面包代替米糠，简单就能完成酱菜。
气味温和，短时间就可以做出完全入味的酱菜。
推荐给不喜欢米糠气味，以及觉得处理腌渍物很麻烦的人。

准备材料

吐司（15mm 厚）……5 片
啤酒……1/2 杯、水……80ml
盐……1 大匙、昆布、红辣椒……各适量

吐司撕成小块，加入啤酒与水糅合。材料变软后，再加入盐、昆布、红辣椒混合。

装到可以密封的容器中。此时闻闻看，应该可以闻到洋酒般的香味。在常温中静置一日。

一日后

面包糠床完成了。气味比前一天强，但是外观没有变化。

用盐轻轻抓揉要腌渍的蔬菜，切成适当大小后，放入密封盒内，再静置一日。这次挑战的是小黄瓜与茄子酱菜。

完成了！

顺利地完成了。风味与香气像使用米糠床做的酱菜一样下饭。腌渍几次后，就会习惯这样的味道了。

＊请视完成的酱菜情况，调节水与盐的用量。
＊放在常温中的时间会因季节而异。一边观察腌渍情况一边做调节。

Part 4

挑战做基本款面包

初学者
也没关系!
来做简单又好吃
的面包吧!

即使是初学者也能尝试做的三种基本款面包——吐司、小圆面包、佛卡夏! 除了介绍三种面包的制作食谱,还介绍与制作面包有关的基本知识,包括制作面包时必备的材料与道具,以及常见 Q&A。

挑战基本面包的制作……①

吐司

想做出好吃的面包，必须能够掌握好分量、时间与温度，
还要谨慎地进行各个步骤。首先就来挑战口味单纯，并
且适用于许多场合的吐司吧!

process 1
准备材料

一定要准确地测量材料的分量。括号内是以调制面粉的总重量为 100% 时，其他材料对照面粉总重量的百分比。若面粉的总重量改变时，就以这个百分比为标准，计算出其他材料的所需分量。

水…162.5ml（65%）

无盐黄油…12.5g（5%）

速成干酵母…3g（1.2%）

食盐……5g（2%）　细砂糖…12.5g（5%）　高筋面粉……250g（100%）

process 2
搅拌材料

1

将高筋面粉、细砂糖、盐、速成干酵母粉等放入碗内。

2

把碗内的粉类充分搅拌均匀。

point
夏天用常温的水，冬天用温水。调节水温非常重要。

做面包时，调节面团的温度很重要。温度太高或太低都会影响到面团发酵的情形，所以要配合当天的气温，调整水的温度。

中间挖坑，加水。一边从粉的内侧慢慢加水，一边快速搅拌水与粉。

3

待面粉完全揉入面团中，把面团移到台面上。

process 3
糅合

point 反复揉搓、拍打面团，让面团出筋有弹性。

刚开始揉搓时，面团很容易黏在手上，但面团渐渐出筋后，就有凝聚力了，从而凝聚在一起。如果太黏，表示面粉的量不够。

在台面上将面团从自己的面前往前方推揉，揉匀面团。

拿起面团拍打台面，并往前折叠，然后九十度转动面团，再次拍打。这样的动作反复做15分钟左右。

如果面团变光滑了，试着拉薄面团。如果能拉成像照片那样，表示面团有连结性。

折叠……

和2一样地推揉面团。把室温中的黄油放在面团上。

推揉15分钟左右，再试着拉薄面团。如果拉薄的面团光滑，像有弹性的膜般，就是揉好了。

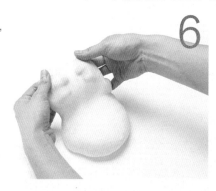

将揉好的面团搓整成表面光滑的半圆形，放在碗内。测量碗内面团的温度（理想是28℃左右）。

111

process 4
第一次发酵与排气

用保鲜膜盖住盛着面团的碗，放在27℃左右的室温下，让它发酵一个小时。

检查发酵的情况。手指戳入面团中，深至第二个关节处。手指伸出后，若还留有手指的痕迹，表示发酵成功了。

排气。把面团从碗里拿出，轻轻地施以压力。

从上下两个方向往中间折叠。

改变方向，做和 4 相同的折叠动作。

搓整成圆形，放回碗中，在27℃的环境中再发酵 30 分钟。

point
使用微波炉的发酵功能，非常方便。

使用微波炉的发酵功能能让面团进行发酵，非常方便。如果没有微波炉，可在放面团的碗下置一盆温水来调节温度。

30 分钟后，面团大约是再发酵前的两倍大。

process 4
第一次发酵与排气

用保鲜膜盖住盛着面团的碗，放在27℃左右的室温下，让它发酵一个小时。

检查发酵的情况。手指戳入面团中，深至第二个关节处。手指伸出后，若还留有手指的痕迹，表示发酵成功了。

排气。把面团从碗里拿出，轻轻地施以压力。

从上下两个方向往中间折叠。

改变方向，做和 4 相同的折叠动作。

搓整成圆形，放回碗中，在27℃的环境中再发酵 30 分钟。

point
使用微波炉的发酵功能，非常方便。

使用微波炉的发酵功能能让面团进行发酵，非常方便。如果没有微波炉，可在放面团的碗下置一盆温水来调节温度。

30 分钟后，面团大约是再发酵前的两倍大。

process 5
切割
搓圆、静置

用面团切割刀将面团一分为二。两个面团不一样大时，烤出来的样子会不一样，所以要使用磅秤测量重量，准确地分割。

point
面团的表面
要很平滑地鼓起

如果很难把表面整圆鼓起时，可以把面团往内侧折，这样做两三次后，表面自然会鼓起。但要注意不能太用力拉，否则表面会发生龟裂。

两个面团分别塑形，表面要很有张力地鼓起。内侧用手指捏合。

醒面。两个面团中间有空隙地排在一起，为了避免面团干燥，可以在上面盖一条湿布，在27℃的室温下静置15～20分钟。

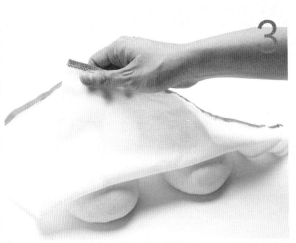

process 6
成形与二次发酵

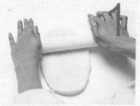

用擀面棍从面团的中央往上、下擀长。面团如果黏在台面上，撒些面粉止黏（注意：撒太多的话，面团上会沾满粉。撒一点点就好。）

横放面团，拿起后面三分之一的面团往中央的方向折入。

用手掌轻轻握面团的边端，让面团黏在一起。

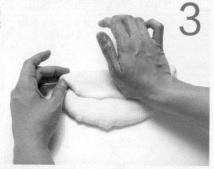

另一边也同样折入，并同样轻压面团。

90度改变面团的方向，然后轻轻地卷起面团。

卷好后，用手指捏紧两端，让卷起来的面团不要松开。

这是从侧面看的样子。两个面团都做成这个样子。

把面团放进已经抹好油的模型中。在38℃左右的温度（湿度控制在85%左右）下，让面团发酵约50分钟。注意不要让表面发生干燥的情形。

当面团膨胀到占满了整个模型时，就是完成发酵了。轻触面团表面时，表面还有一点张力是最理想的状态。

process
7

烘烤

放进已经预热好的 200℃烤箱中，烘烤 30 ~ 35 分钟。

把面包从模型里倒出来，放在蛋糕架上置凉。

拿出烤箱后，拍打一下模型的外侧，排出积存在面包里的多余水蒸气。

完成了！

挑战基本面包的制作……②

小圆面包

恰到好处的嚼劲,是软度适中的佐餐面包。
简单的口味,可以与任何食物搭配。
很容易就可以做出来的形状,即使是第一次
做的人也可以轻松尝试。

材料 (50g,7 个份)

中筋面粉	200g (100%)	起酥油	4g (2%)
细砂糖	6g (3%)	水	134ml (67%)
盐	4g (2%)	< 点缀用 >	
速成干酵母	2.4g (1.2%)	高筋面粉	适量

1 混合材料

将中筋面粉、细砂糖、盐、速成干酵母粉等
放入碗内,充分混合均匀后,中间挖一个坑,
慢慢加水,混合、搅拌 (与 p.110 吐司的
Process 2 混合材料的做法相同)。

2 加入起酥油糅合

和好面后,拿到台面上糅合。揉到面团的表
面变平滑时,再加入起酥油再糅合。待面团
的表面变得平滑有弹性后,把面团放入碗内
(参阅 p.111 吐司的 Process 3 糅合的做法,
但糅合的时间比吐司短)。

3 第一次发酵

用保鲜膜盖住盛着面团的碗,放在 27℃左
右的室温下,发酵一个小时。

4 切割、搓圆、静置

用面团切割刀将面团分为七小坨,揉搓成表
面紧绷的圆球状。将七坨面团排在一起,但
中间要有空隙,放在 27℃的室温下静置 15
分钟。为了避免面团发生干燥的情形,可以
在面团上面盖一条湿布。

5 成形 & 第二次发酵

面团揉搓成圆形,接缝处朝下,排放在铺着
烤箱专用纸的烤盘上。避免表面干燥,放在
温度 38℃、湿度 85% 左右的地方,让面
团发酵约 50 分钟。若要盖保鲜膜时,不要
碰到面团,轻轻地盖上。

6 点缀

把高筋面粉放入滤茶网内,轻轻将面粉筛在
面团上。分量可以随个人的喜好,但是筛太
多的话,面团会变得太粉。

7 烘烤

放进已经预热好的 230℃烤箱中,烘烤
10 ~ 12 分钟。除了点缀的面粉以外,表
皮烤出漂亮的焦黄色后,就完成了。

味道朴实又温和，
圆滚滚的小圆面包做好了！

佛卡夏

只要短短的时间就能完成外形与口味
都相当地道的佛卡夏面包。
橄榄油香味四溢，很适合搭配酒一同享用。

材料（70g，5 个份）

中筋面粉	200g（100%）
细砂糖	10g（5%）
盐	4g（2%）
速成干酵母粉	2.4g（1.2%）
水	128ml（64%）

< 点缀用 >

橄榄油	适量
岩盐	适量
黑橄榄	适量

1 混合材料

将中筋面粉、细砂糖、盐、速成干酵母粉等放入碗内，充分混合均匀后，中间挖一个坑，慢慢加橄榄油与水，混合、搅拌。（参阅 p.110 的 Process 2 混合材料的做法。因为这是不需要糅合太久的面团，大约 10 分钟左右就足够。）

2 糅合

和好面后，拿到台面上糅合。揉到面团的表面平滑有弹性后，把面团放入碗内。（与 p.111 做吐司的 Process 3 糅合的做法相同。）

3 第一次发酵

用保鲜膜盖住盛着面团的碗，放在 27℃左右的室温下，发酵 50 分钟。

4 切割、搓圆、静置

用面团切割刀分割面团，将每坨面团揉搓成表面紧绷的圆形状。面团与面团中间有空隙地排在一起，放在 27℃的室温下静置 15 分钟。为了避免面团发生干燥的情形，可以在面团上面盖一条湿布。

5 成形 & 第二次发酵

接缝处朝下，把面团擀平，排放在铺着烤箱专用纸的烤盘上。为避免表面干燥，放在温度 38℃、湿度 85% 左右的地方，让面团发酵约 30 分钟。若要盖保鲜膜时，不要碰到面团，轻轻地盖上。

6 点缀

在面团表面上涂抹橄榄油。使用刷子，充分地涂抹。

用手指按面团，做坑洞。

在每个洞上嵌入黑橄榄，撒岩盐。

7 烘烤

放进已经预热好的 230℃烤箱中，烘烤 10~12 分钟。表面稍微焦黄时，就完成了。

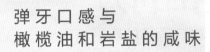

弹牙口感与
橄榄油和岩盐的咸味

面粉

决定面包的味道与口感。
配合要做的面包,
选择合适的面粉吧!

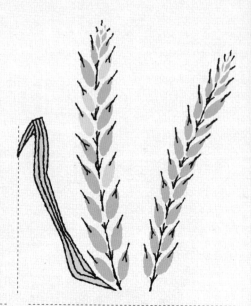

可以做出软绵绵的感觉

高筋面粉

面粉中蛋白质含量最高的一种,能够借着糅合生筋产生强而有力的弹性,做出膨松软绵的面包。

和高筋面粉混合使用

低筋面粉

蛋白质的含量比较少,不太容易生筋,所以常配合高筋面粉一起使用,适用于做有嚼劲的面包。比起做面包,低筋面粉更常用于做点心。

可以做出松脆口感

法国面包专用面粉

蛋白质的含量少于高筋面粉,可以称之为中高筋面粉。做法国面包时,就要买这种中高筋面粉,做出来的面包吃起来轻松不费力。

维生素丰富

小麦胚芽粉

只用小麦的胚芽磨出来的粉,含有丰富的维生素 B1、维生素 E。直接使用时会影响发酵的状况,必须烤过后再使用。

有饱足感且营养价值高

全麦粉

也叫作全麦面粉,是包括外皮与胚芽的整粒小麦磨成的粉,含有丰富的食物纤维与矿物质,有粗糙的颗粒口感。

也能拿来做面包

米粉

精白米磨出来的粉，为了让做出来的米粉面包膨松，通常会添加小麦面筋一起出售。

风味独特

黑麦面粉

黑麦面粉不会生筋，所以面团不会膨胀，做出来的面包特别扎实。黑麦有着不同于小麦的独特风味，生长在小麦不易生长的德国或北欧、俄国等寒带国家。

除了小麦、黑麦以外，也能用来做面包的谷物

木薯粉

从木薯根部萃取出来的粉，是巴西奶酪面包的原料。木薯粉也被称为"粉圆粉"，是做珍珠奶茶的"粉圆"（珍珠）的原料。

苔麸粉

苔麸是禾本科的植物。是埃塞俄比亚人的主食面包"英吉拉"的原料。苔麸无法产生筋性，但含有丰富的维生素与矿物质。

玉米粉

只用玉米的胚芽磨出来的粉。依照磨出来的粉的粗细，分类为玉米糁、玉米粗粉、玉米粉。墨西哥薄饼的主要原料就是玉米粉。

不同种类的粉，有不同的味道与口感

　　小麦面粉是面包的主原料，面粉的分类依照蛋白质含量的多少，从多到少分别是高筋面粉、中筋面粉、低筋面粉，其中最常被拿来做面包的是高筋面粉。

　　用水糅合面粉时，面粉会产生筋性让面团有黏着力与弹力。这样的筋性在发酵的过程中，会被酵母产生的二氧化碳封锁在面团中，而使面包像气球一样膨胀起来。

　　另外，面粉也会依矿物质的含量来分类，矿物质含量少的面粉是高级面粉。面粉中的矿物质含量多时，会对烘烤品质与膨胀结果有不良的影响。不过，矿物质含量多的面粉风味丰富，制作硬面包时，通常会选用这类面粉。

做出好吃面包的材料……②

面包酵母

让面团膨胀不可少的东西

容易取得，也最常使用

面包酵母

速成干酵母粉

面包酵母是需要细心培养的东西，但市面上已经有干燥后的酵母粉，有干酵母与速成干酵母粉。速成干酵母粉不需要预备发酵，使用起来特别方便。面包店使用的酵母通常是生酵母，这种酵母不易保存，不适合一般家庭使用。建议使用速成干酵母粉。不过，买回来的速成干酵母粉开封后，还是要尽快使用完。

特征
● 发酵能力强，短时间内就可以很有效率地做好面包。
● 有松松软软的口感。

事先与面粉混合在一起使用。

生
酵
母

新鲜酵母，保存不易。可以掰开后直接使用，或溶于水后使用。

酵母除了有让面包膨胀的作用外，也会影响到面包的风味

面包酵母是让面包软绵与膨松时少不了的东西。

面包酵母能分解材料中所含的糖分，产生二氧化碳，让面团膨松，还会生成有机酸或酒精，影响面团的伸展与香气。

如上所述，酵母会依种类的不同，而有不一样的使用方法与特征。

另外，培养附着在果实或谷物上的酵母的发酵种，近年来很受瞩目。发酵种不仅能和面包酵母共存，也能和乳酸菌等微生物共存，具有只用酵母发酵的面包所没有的独特风味。

适合面包酵母发酵活动的温度是 30℃左右，当温度超过 38℃时，酵母的活动就会降低，到了 60℃，酵母就会死掉。

带来复杂而深奥风味

发酵种

在有酵母粉以前，人们做面包时使用发酵种来进行发酵。酵母种是培养果实或谷物上的酵母菌或乳酸菌等微生物而来的，发酵能力不如酵母粉。

发酵种的培养（起种）或维持（继种），都需要时间、劳力与经验，管理上稍有懈怠或不当，就会发生面包就无法膨胀、酸味太强或腐败等问题。市面上可以买到发酵种，但也可以在家里自己做。

特征
- 发酵种有酵母粉所没有的甜味与独特的美味。
- 根据酵母的来源或培养地的不同，会有不一样的风味。
- 管理发酵种对初学者来说较困难。

自己做发酵种时，
使用的器具一定要经过杀菌、消毒。
要特别注意卫生方面的管理。

啤酒花种

在啤酒花的蒸煮液内添加马铃薯等淀粉质而培养出来的发酵种，能够让面包拥有抗菌力。
啤酒花种有特有的苦味与素淡的风味。

果实种

果实成熟，甜分一增加，果皮上的酵母就会分解糖，变成酸酸甜甜的液状物。果实种便是利用这种发酵液（果实酒）所形成的发酵种。

酸种

谷物的粉与水混合，放置之后，乳酸菌或醋酸菌就会开始活动，让面团有酸味。酸种便是富含这种酸，直接浓缩活着的乳酸菌或自然酵母的发酵种。

酒种

用清酒制造工程做出来的发酵种，有接近清酒的酒精气味和酸味、苦味与涩味。酒种还带着微微的清香，并且能给面包带来湿润的质感。

司康

蒸制面包

做出好吃面包的材料……③

水
必备的重要材料

使用矿泉水

让面粉产生筋性、酵母发挥作用

不管是面粉的蛋白质要产生筋性时，还是酵母要发挥作用时，水都是不可或缺的材料。

当描述水的质量时，表示水中含有矿物质的是"硬度"。

一般而言，适合做面包的水是 40～120ppm，略硬的硬水（根据世界卫生组织的标准）。

使用方法
重点1

水质稍硬的水较好

水的硬度太高或太低对发酵都不好。40～120ppm的水最理想（ppm 是表示硬度的单位）。

使用方法
重点2

调整水量与水温

冬天和夏天时面粉中含水的分量不一样，所以一味按照固定的分量给水，有时会产生超过或不够的情形。可以在一边揉面粉的时候，一边看情况加减给水。温度会随着室温产生变化，还是使用温度计来管理温度吧！

做出好吃面包的材料……④

盐
可以紧实面团，
强化韧性

也可以用来做点缀

日晒海盐、岩盐

日晒海盐含有丰富的矿物质，与面团混合后，可以增加面团的筋性，让面团更有韧性。岩盐不易溶化，可以用来当做点缀面包的材料。

标准用盐

精制盐

精制盐含有 99.5% 以上的氯化钠（食盐），几乎不含其他多余的物质，是最常使用的盐。

盐过多或不足都做不出好面包，适量才能发挥效果

相对于面粉，如果面粉是 100% 的话，盐的比例为 1%～2%，这就是适量。盐太多的时候会抑制酵母的发酵，面包膨胀不起来，味道也会不好。盐太少的话面团太松垮，不好处理，也感觉不到面包的味道。

只有使用适量的盐，才能让面粉的筋性变得强韧，紧紧包住二氧化碳，做出有质量的好面包。

做出好吃面包的材料……⑤

砂糖

增加甜味，
烤出漂亮的色泽

风味深奥
三温糖
因为制作过程经过数次加热，所以呈现淡褐色。有着独特的风味。

用途广泛
细砂糖
保湿性高，能让面包湿润柔软。能吸收水分，保持面包的水汽是它的特征。

糖可以维持面团的湿气

砂糖除了能够增加面包的甜味外，还有促使酵母发酵、让面包烤上色的功能。另外，因为砂糖有保水性，所以有预防烤好的面包变干燥的效果。

不过，砂糖太多会妨碍酵母发酵，所以在制作必须用到很多砂糖的面包时，请选用有耐糖性的酵母粉。

适合用来点缀装饰
粉糖
将精制白砂糖粉末化后，就是粉糖。粉糖极细，通常作为撒在成品的装饰品，或做成糖霜。

没有特殊异味
精制白砂糖
干爽的结晶，清洁无异味的高雅甜味，是做甜点时最常使用到的糖。

可以代替水
牛奶
用牛奶代替水，可以增添面包的风味。但牛奶里含有非脂乳固体与油脂成分，所以要仔细调整好分量。

比牛奶更清淡
脱脂奶粉
从牛奶里抽取出水分与油脂成分。脱脂奶粉的优点是能够长期保存，并且可以少量地使用。

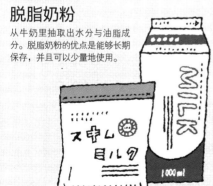

做出好吃面包的材料……⑥

乳制品

能让面包更有风味，并
烘烤出漂亮色泽

没有负担感的脱脂奶粉常被使用

牛奶可以让面包的风味更好，烤出来的颜色更漂亮。

脱脂奶粉是最常使用的乳制品。面团会因为水分而结块，如果使用奶粉，就不容易结块。制作面包时，牛奶可以代替水，但是要比原来水的使用量多10%。不过，实际的量还是要看面团的情况做调整。此外，也有使用练乳、鲜奶油或酸奶的面包。

做出好吃面包的材料……⑦

油脂

提高面团的伸展性，保持面包的柔软度

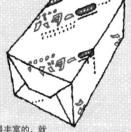

面包香气与味道浓厚的关键

黄油

油脂中香气最浓，味道最丰富的，就是黄油。尤其是乳酸发酵的黄油，风味更是浓厚。

可颂面包或是丹麦的油酥皮面包，都是面团与黄油数次折叠出来的面包。不过，黄油的温度很难控管，太硬或太软都做不出好的油酥皮，所以必须特别注意温度。

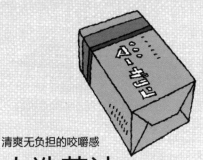

清爽无负担的咬嚼感

人造黄油

人造黄油以植物性油脂为原料，虽然缺少韧性，但味道清爽。为了让面包有更好的味道，有时也会在人造黄油里添加黄油或香料。

品尝独特的香气

橄榄油

佛卡夏等意大利面包少不了橄榄油。不管是香气、风味或营养价值，橄榄油都是值得称道的油脂。

让面包格外酥香

酥油

酥油分为植物性油脂和动物性油脂，更有两者混合的酥油。因为油脂本身无味，所以最适合用来凸显其他素材的味道。

在适当的时间揉入油脂

做面包时经常使用到黄油、人造黄油、酥油等固体油脂。

这是因为油脂除了能够提高面团的伸展，增加面包的质量外，还有调整面包肌理、防止水分蒸发的功能。

不过，在做面团时，如果一开始就加入油脂，会妨碍筋性的形成，缩小面包的体积。一定要等筋性形成后，再适时地揉入油脂。

使用方法
重点 1

涂在表面上

想烤出表面有光泽且微焦的面包，蛋黄就派上用场了。把蛋黄打散，用滤网滤过后再涂在面包上，烤出来的颜色就会很均匀。

漂亮的光泽

使用方法
重点 2

掺入面团里

蛋白过多时，面团会变得干燥。把一部分的蛋白换成水的话，就可以避免这种情况。

蛋

蛋黄能增加面包的风味和柔软感

能让烤出来的面包有漂亮的色泽和丰富的味道

加蛋的面包风味尤其浓厚。因为加入了蛋，所以面团的颜色会变得微黄。蛋黄含有卵磷脂，会让面包有较软的口感，并且有防止面团老化的作用。

不过，加了过量的蛋，蛋白太多的话，面团会太干燥。要注意比例的问题。

做出好吃面包的材料……⑨

点缀材料

为面包的外观与风味赋予变化

让朴素的面包变华丽

面包里掺有坚果或奶酪、水果干时，面包的味道、香气、口感就会大大的不同。

固然可以随个人的喜好掺入点缀性的食材，但是掺入过多则会降低筋性，所以要注意掺入的分量。坚果类的点缀食材要先烤过后再使用，而水果类的食材最好选用水果干。

装饰性的点缀
种子
种子可以撒在表面以装饰为主，也可以埋在面包体里。适合的材料有南瓜籽、白罂粟籽、黑罂粟籽、葵花籽、香菜籽等等。

先烤过再使用
坚果
坚果烤过后更香更脆。核桃、杏仁、山核桃、开心果等，都是不错的选择。

增加面包风味
香料
掺入面团内揉搓后，可以为面包增添香气。肉桂或胡椒就是这类香料。

酸酸甜甜的食材
也很合适
水果干
酸酸甜甜的水果和面包其实很搭。葡萄干、小红莓、杏桃等等，都很适合成为面包的点缀食材。

做出好吃面包的道具

为了顺利做出面包，
请先准备好这些道具吧!

STEP 1
测量

准确地计算材料之后
再开始制作面包。

温度计
确认水温或发酵中
面团的温度。

磅秤
可以测量发酵粉或
盐等材料的重量。

STEP 2
搅拌

配合混入材料的形
状，准备各种容易搅
拌材料的道具。

橡皮刮刀
方便搅拌混合材料
的器具。耐热的硅
胶刮刀也很好用。

打蛋器
把蛋打均匀的工具。

刮板
直线部分可以用来
切割面团或黄油，
曲线部分用来整理
面团。

计量用的器具绝对不可少

　　做面包最重要的一点，就是准确地计算材料的分量。只靠目测或体积来评估材料的分量，
是失败之本。请不要怕麻烦，一定要好好测量材料的重量。

　　为了准确测量重量，一定要准备一台电子磅秤，并且最好是以 0.1 克或 0.5 克为最小单位
的电子磅秤。

　　另外，若想保持面包的面团一直维持在"团状"的状态，就要管控好时间与湿度。

　　测量面团或掺入面粉中的水的温度计，与管理醒面时间的厨房定时器，也是必须准备好的
用具。

　　除了上述器具外，下一页还列举了许多做面包时的专用器材，请确认好必备的道具，准备
妥当后，就可以开始做面包了。

STEP 3
揉合

制作面团是非常重要的步骤，需要一个方便作业的台面。

作业台面
揉面团时为了避免作业台面移动或不稳的情况，要选择重量足够，稳定性高的台面。

切面刀
用来刮起粘黏在台面上的面团时非常方便。

厨房用定时器
有了厨房用定时器，就能准确地管理醒面的时间（参阅p.113）。

温度计
为了掌握面团的状态，需要温度计来测量发酵中的面团温度。

保鲜膜
盖上保鲜膜，可以避免面团变干燥。也可以用湿布来覆盖面团。

STEP 4
发酵

温度、湿度和时间的管理很重要。若烤箱有发酵功能，就更方便了。

STEP 5
切割、静置、成形、烤成

为避免发生烤不均匀的情况，使用道具统整面团的重量和形状。

切面刀
面包成形前用来切割面团的器具。

电子磅秤
测量切割好的面团的重量，每个要一样重。

烤箱
烤箱依种类不同，功能也有所差异。根据家中的烤箱，设定时间与温度。

烤盘
排放整形好的面团，让面团二次发酵的器具。因为面团会膨胀，所以面团与面团之间要有相当的空隙。

烘焙垫
铺在烤盘上，可以避免面团烤焦、沾黏在烤盘上，让之后的收拾工作变得轻松。

擀面棍
用来伸展面团、擀平面团的器具。

有这些道具就更方便了

刷子
在面包的表面涂抹起酥油或蛋液、黄油的器具。

蛋糕冷却架
让刚烤好的面包冷却的金属架子。有脚的架子更通风，更可以散发湿气。

切割刀
制造法国棍子面包上裂痕的专用刀。

藤制发酵篮
大型的法国面包面团发酵时使用的藤篮。

长方形烤模
烤吐司或磅蛋糕时的必要模具。也有附盖子的烤模。

这种时候要怎么办?

还不熟悉流程的时候,失败是常有的事。
下面就由老师来回答面包初学者的各种疑问。

生酵母、干酵母、速成干酵母粉,该用哪一种才好呢?

 速成干酵母粉较容易使用。

速成干酵母粉不需要预发酵,可以直接掺入面粉中混合,发酵能力也强,是初学者也很容易学会使用的酵母粉(参阅 p.122)。

干酵母必须先浸放在温水中预发酵后才使用。

生酵母是活的酵母, 含有比较多的水分,保存的时间不长,并且必须放在冰箱的冷藏室中保存,最好在两星期内使用完。

面团为什么黏答答的,无法整合成形?

 或许是糅合不足的关系。

如果加入的水量正确,那么应该是糅合不足的缘故。糅合的目的在于刺激面团,让面团生筋,使面团有张力与弹力。在面团的表面变得光滑、成形前,要好好地在台面上拍打面团。

还有, 加入太多水也会使面团黏手。如果是这种情况,就要一边观察面团的状态,一边微量地撒入高筋面粉、掺入柠檬汁等酸

的东西,使面团紧缩。不过,基本上应该注意不要加入过量的水。

为什么面团无法伸展,而且一下子就断了呢?

可能是醒面时间不足的关系。

用擀面棍展开面团,让面团成形时,如果伸展的状态不好,面团也会很容易断裂。发生这种状况,也许是醒面时间不足。

此时可以让面团再醒一会儿,面团变柔软了,自然就伸展得开。

糅合愈久,面包愈好吃吗? 基本的糅合时间到底是多久呢?

错! 无油面包绝对不能糅合过头。

面团到底要糅合多少时间才够? 这个问题没有固定的答案。

因为依据不同的面包材料、制作方法、糅合方法与力道,还有做面包的人是否经验丰富等等条件,会有不同的糅合时间。所以说只能通过面团的状态,来判断到底糅合好了没有。

基本上,当面团变得有弹性且表面显得

平滑，而紧密结合在一起时，就是揉好了。多做几次面包，有经验以后，就可以慢慢掌握最佳时间。

还有，因为无油面包是使用蛋白质含量较少的面粉制作的，揉好的面团即使筋膜厚一点也没有问题，所以不需要揉太久。反过来说，若使用蛋白质含量较多的面粉来做体积较大的面包，糅合后的面团筋膜要薄且平滑，所以需要更长时间的糅合。

面团的第一次发酵时间过长了。这样的面团还能用吗？

 看情况而定，但是面包的风味一定会变差。

为了弄清楚面团发酵的状态，可以把手指戳入面团中，直到第二个关节处，来确认发酵的情形（参阅p.112）。面团若过度发酵，则张力不足，被手指戳入后，面团会发生萎缩的现象。

这样的面团烘烤出来的面包风味和外观都不好，而且会带着酸味及酒精气味，口感也不佳。

发酵的时间过长也有程度之别，如果只是多了5~10分钟，那么还有修正的可能性。面团形状很容易损伤，所以面团分割后稍微揉圆，尽快完成塑形，这样可以避免太大的失败。

形状或大小不一的面包，可以放在一起烘烤吗？

 恐怕会烤不均匀，还是避免比较好。

不同形状或大小的面团所需要的烘烤火候也不一样，若一起烤，会造成烤不均匀的情形。例如有的面包已经焦了，有的面包却还没有烤上色。为了避免这样的情形，建议将同样大小的面包各自集中一起烤。

这种时候，还没有进烤箱的面团还持续

发酵，所以后烤的面团要盖上湿布或保鲜膜，以免面团干掉，并且放进冰箱冷藏，等到要烤的时候再让面团恢复至室温，放进烤箱中烤。

为什么做出来的面包会有酸味呢？

 原因是过度发酵。

一旦过度地发酵，面团就会发出酸酸的气味。

面团发酵的速度深受温度的影响，所以第一次发酵虽然是在摄氏二十七度的环境中进行，但是最好在指定的发酵完成时间之前，用手指测试发酵的状态，这样可以避免发生过度发酵的情形。

当手指测试的结果，造成面团萎缩、过度发酵时，建议可以把面团弄薄，做成披萨风的面包。在薄的面团上涂抹有酸味的番茄酱，铺放点缀的食材，这样就可以模糊面团的酸味，烤出来的成品也会好吃。

为什么烤出来的面包白白的，没有漂亮的焦黄色泽？

是否有按照材料分量的指示呢？

明明已经配合指示，按照要求的温度与时间进行烘烤了，为什么烤不出面包应有的颜色呢？原因也许出在烤箱上。烤箱的热源、热量、热传导方式等条件，都会影响到面包烤出来的色泽。

不同种类的烤箱，会有不同的理想烘焙温度。有时要多烤几次试试，才能了解烤箱的特性，并掌握理想的烘焙温度。

还有，不加砂糖的无油面包或过度发酵的面团，也很容易会发生烤不出漂亮颜色的情形。这是因为糖可以帮助面包呈现漂亮的烤色，所以通常无油面包比较不容易有漂亮色泽。遇到这种情况，就将烤箱的温度稍微提高一点吧！

从日常会话到格言
关于面包的俗语与格言

在以面包当做主食与收成象征的欧洲,
有许多关于面包的俗语或格言。
这是受到面包文化影响所发展出来的有趣用语。

"与你共享面包与（ a ）"

※ 西班牙求婚时用的俗语。意思是："只要有你,就算穷也无所谓。"

虽是面包的（ b ）也总比没有好

※ 即使是枯木,也是山的风景。意思是有总比没有好。

"鸟的（ d ）不如面包"

※ 英国俗语,舍华求实之意。要选择内在,不要选择外表的比喻。

"向（ c ）丢面包"

※ 用虾钓鲷鱼。以小博大,一本万利的意思。

"别人的面包更（ e ）"

※ 德国俗语。隔壁的草地比较绿,别人家的东西看起来都比较好的羡慕之情。

"（ i ）和面包能让脸颊红润"

※ 德国俗语。简单的食物有益健康的意思。

"两面（ h ）的面包"

※ 英国俗语。比喻"能轻松赚钱的工作"。

"有了面包,（ j ）也会变缓和"

※ 比喻有钱的话,就能减少苦恼。

"靠面包和葡萄酒,人才会（ f ）"

※ 葡萄牙俗语。空着肚子做不好任何事,凡事都要有准备的意思。

"被叫作（ g ）的泡水面包"

※ 意大利俗语。五十步笑百步,没有什么大差别的意思。

《答案》a. 洋葱 b. 皮 c. 水面 d. 婉转啼声 e. 美味 f. 跑 g. 汤 h. 黄油 i. 盐 j. 悲伤

Part 5

从保存方法到刀具的选择

成为
面包达人
的 Q&A

你能分辨出什么样的面包好吃吗？知道如何保存剩下来的面包吗？喜欢面包的人都曾经想过的问题，答案就在此！你一定也想知道该如何正确保存面包，以及让面包更好吃的方法吧！

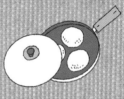

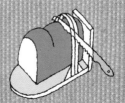

Q 如何挑选美味的面包?

A 美味的标准因人而异。选择认真做出来的面包。

每个人都有自己喜欢的味道，所以对于好吃的面包，是见仁见智的。获得专家高评价，称为美味的食物，和自己觉得好吃的东西不见得一样。

在此要介绍的，是如何挑选"认真做出来的面包"的要点。

以"颜色""形状""切痕"这三点来辨别

从排列在面包店内架子上的面包外形，就可以分辨出何者是带着感情，以认真的态度做出来的面包。

首先看"颜色"。看看外表是否有明显的颜色差异，烤出来的颜色是不是很漂亮。

接着看"形状"。面包的大小或形状是否一致？尤其是可颂面包或丹麦面包，每一个的形状一定要同样漂亮。

最后要看"切痕"。棍子面包之类的面包上面会有切痕，如果切痕的线条或形状漂亮而且整齐，可以判定这家面包店的师父工作态度很认真。

如果面包店的师父能做出满足这三个基本要素的面包，那么，不管我们选择的是何种面包，一定都可以达到我们所期待的美味。

好吃的三大保证

1 稳定的颜色

尤其要看棍子面包等硬面包的颜色，一定要有漂亮焦色，颜色深一点才会好吃。淡淡的黄褐色面包看起来虽然好吃，但是容易吸湿气。一旦吸了气，味道通常都会变差。

2 一致的形状

烤出来的面包形状一致，表示制作过程中非常仔细地一个个计量，并且认真调整形状。这样的面团所烤出来的面包，不会有烤不均匀的情形，且能烤出漂亮的颜色。

3 漂亮的切痕

切痕太浅，或同一款的面包却没有一致的切痕形状或数目，表示没有做到良好的形状调整或发酵管理。不过，像法国简单面包那样形状不拘的面包，就不受这个要求的限制。

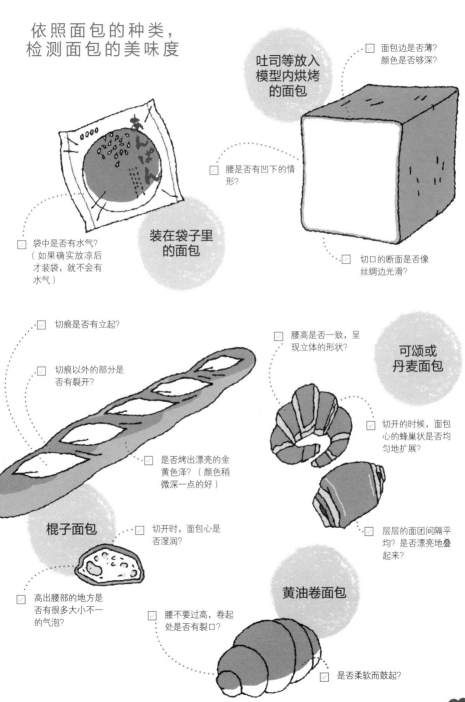

依照面包的种类，
检测面包的美味度

吐司等放入
模型内烘烤
的面包

☐ 面包边是否薄？
颜色是否够深？

☐ 腰是否有凹下的情形？

☐ 切口的断面是否像
丝绸边光滑？

装在袋子里
的面包

☐ 袋中是否有水气？
（如果确实放凉后
才装袋，就不会有
水气）

☐ 切痕是否有立起？

☐ 切痕以外的部分是
否有裂开？

☐ 是否烤出漂亮的金
黄色泽？（颜色稍
微深一点的好）

腰高是否一致，呈
现立体的形状？

可颂或
丹麦面包

☐ 切开的时候，面包
心的蜂巢状是否均
匀地扩展？

☐ 层层的面团间隔平
均？是否漂亮地叠
起来？

棍子面包

☐ 切开时，面包心是
否湿润？

☐ 高出腰部的地方是
否有很多大小不一
的气泡？

黄油卷面包

☐ 腰不要过高，卷起
处是否有裂口？

☐ 是否柔软而鼓起？

135

Q 切面包的要诀是什么?

A 千万不能用力切，要轻轻地让刀接触面包，以锯的方式切。

使用一般的菜刀勉强切面包时，面包通常会被压扁，还会在表面造成裂痕，让软绵的口感荡然无存，不仅破坏了外观，也损害了口感。所以还是用专用的面包刀来切面包吧！

不要压面包，以拉动刀子的方式切面包

切的时候刀子不可从上往下压面包，这是重点。除了柔软的面包，也不能用这种方式切硬面包或像丹麦面包那种有多层皮的酥皮面包。

基本上刀子都是从前方往后拉，手不要用力，靠刀子的重量切入面包中。但是，不同种类的面包，有不同的切法要诀，关于这一点，请参阅下一页。总之，不管是切哪一种面包，都不能太用力。

还有，刚烤出炉的面包内层会黏住刀子，很难切入面包中，要等面包完全凉了（面包中心的温度低于38℃）以后再切。

好切的面包刀要点

刀刃薄，长度要长于面包的宽，这样的刀才容易使用。

刀身不要太轻，有点重量的刀比较稳定、容易切。

切面包刀的刀刃要有锯齿状的构造，只要拉动刀子，就可以轻松地切开面包。

除了专用的面包刀，适合切面包的刀子

除了专用的面包刀外，还有其他适合切面包的刀子。例如维氏番茄蔬菜刀，刀刃薄而细，除了能切番茄外，拿来切面包也很好用。不过，因为刃比较短，适合切小型的面包。

棍子面包

从切痕的地方切

棍子面包的外皮较硬，勉强切时面包恐怕会裂开。从切痕的地方下刀，再拉动锯齿状的刀刃，就容易切了。

山形吐司

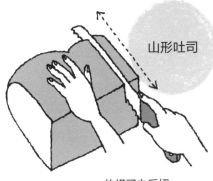

放横了之后切

山形面包较高，横放之后再切会比较好切。这样一来，就不会抵触到凸起的部分，也比较好控制切片的厚度。

切不同种类面包的要诀

可颂或丹麦面包

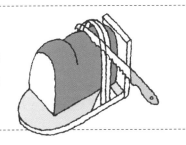

刀刃轻轻放在面包上，缓缓拉动刀子

不要破坏到层层酥皮，轻按着面包，刀子碰到面包后，轻而慢地一刀切开。

黑麦面包

不要用力压

黑麦面包的表面是硬的，但是黑麦成分愈高的黑麦面包，面包心的黏劲愈强，会黏住刀子，所以切过一刀后，要用拧干的布擦拭过再切下一刀，这样才能切得漂亮。

---

column

很难切得平均吗？
有了面包盒就不困难了

现在家庭用自动面包机相当普及，市面上也出现了可以切出漂亮吐司切片的道具。

右图是附有切面包刀的面包保存盒。盒子上有切片用的辅助器，所以能够切出同样厚度的面包。

Q 如何区分纸袋和塑料袋的用法？

A 用纸袋装刚烤好的面包，凉了以后用塑料袋装。

从购入到保存，如何照顾好面包的方法

为什么?

附给您一个塑料袋哦!

在面包店

新鲜的硬面包或可颂面包要用纸袋装

放凉没多久的法国面包或可颂面包放入塑料袋后，湿气会积存在袋内，让外皮失去了酥脆感，所以要用能够吸收湿气的纸袋装。

架上的面包是已放凉的状态

刚出炉的面包，面包心还处于不稳定的状态，不能让人品尝到原本的风味及口感，所以店内架上的是已经散热过的面包。

已经完全凉了呢!

放进塑料袋里保存

完全冷却后再换装到塑料袋中

烤好的面包如果不在当天食用，就要装进塑料袋里保存。不过，店家装入袋子内的时间或提供的塑料袋素材不尽相同，为求安心，买的时候要确认一下。

吃起来有湿润感的面包，一定要放进塑料袋内

为了不破坏布里欧修面包或点心面包的Q弹口感，应尽早放进塑料袋里保存。

隔天也好吃
的面包

黑麦面包或野生酵母
面包的保质期较长。
比起刚烤好的当天，
过一两天后再食用时，
可以品尝到不一样的
美味。

嚼
嚼

还是等不及
地吃了!

面包是生鲜食品

鲜度是法国面包与可颂面包的
生命，买回家当天就食用是最
好的。

**尽量
当天食用**

有些面包店会在客人买面包的时
候，除了纸袋，也提供塑料袋给客人。
纸袋能够适度地让面包散发湿气，保
持面包的酥脆状态。而塑料袋可以预
防水分散发，防止面包干燥。

基本上，买回家当天（出炉的六
小时内）吃完是最理想的，但是，如
果当天吃不完，想留到隔天以后再吃，
那就请装入塑料袋中保存吧!

分装后用保鲜膜包起来，放进冷
冻库

如果要放到第二天以后才吃，最
好尽快放到冷冻库中保存。将面包分
成数小份，用保鲜膜包起来，再放进
冷冻库中。不过，面包冷冻后的保质
期大约是三～四个星期，所以还是要
尽快享用完。

黑麦面包或使用发酵种的面包比
较耐放，烤好的面包放置一两天后再
吃，因为质地更加稳定了，仍然很好
吃。

**趁新鲜
的时候
冷冻保存**

明天
也吃得到～

**切片分袋包装，
放进冷冻库**

要保持面包的新鲜度，冷冻保
存是不错的方法。将面包切片
后用保鲜膜包起来，或用袋子
装起来，再放进冷冻库内就可
以。不过并不是每种面包都适
合冷冻。

Q 加热面包时
要注意些什么?

A 根据面包的种类与状态
有不同的要诀。

不同种类的面包在烤或加热时,应该注意的事项并不一样。

吐司或英国玛芬等要烤过或加热后再吃的面包,必须调整烤面包机的加热时间,才能烤出自己喜欢的口感。

像可颂面包或黄油卷等表面是层叠状外皮的面包、有高度的面包,以及使用了大量蛋或砂糖的面包,加热时要注意别烤焦了表面。烤面包机先充分预热后再放面包进去,就可以缩短加热的时间,比较不会烤焦面包。另外,用铝箔纸覆盖面包表面,也可以预防烤焦。

变干燥的面包要补充水分

面包放久了以后,本来就会变干燥,这时再加热,水分又会被蒸发、流失,所以应该在加热之前用喷雾器把水喷洒在面包表面上。至于要加热冷冻保存的面包时,面包从冷冻库拿出来后,不要经过解冻,直接烤就可以了。

软面包经过短时间微波后,就能恢复松软而湿润的口感。

但是,微波时间过长,会让面包质地变质,伤害到原本的味道与口感,所以要特别注意加热的时间。

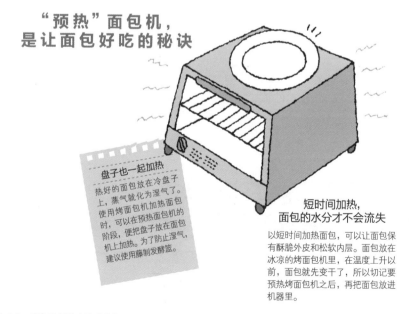

**"预热"面包机,
是让面包好吃的秘诀**

盘子也一起加热

热好的面包放在冷盘子上,蒸气就化为湿气了。使用烤面包机加热面包时,可以在预热面包机的阶段,便把盘子放在面包机上加热。为了防止湿气,建议使用藤制发酵篮。

短时间加热,
面包的水分才不会流失

以短时间加热面包,可以让面包保有酥脆外皮和松软内层。面包放在冰凉的烤面包机里,在温度上升以前,面包就先变干了,所以切记要预热烤面包机之后,再把面包放进机器里。

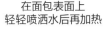

久放而变干燥的面包

配合面包的特征，处理因干燥而烤焦的情况

用铝箔纸包覆，防止烤焦

含有大量蛋或糖的面包或可颂面包，表面很容易烤焦，所以最好不要直接受热，用铝箔纸包覆后，再短时间加热。

层状外皮或含有大量蛋、糖的面包

在面包外皮上喷水

松松地包起来

在面包表面上轻轻喷洒水后再加热

直接烤的话，面包会变得干燥。以水分较少的面包表皮或吐司边为重点，用喷雾器把水喷洒在上面后，再放进烤面包机里加热。

冷冻的面包

硬邦邦

硬邦邦

在冷冻状态下直接放进面包机

冷冻的面包可以直接放进面包机中加热。冷冻面包的表面有一层水分膜，所以加热时水分不会过度流失，能保持松软与湿润的口感。

在微波炉内短暂加热后，放进烤面包机内

完整而大的冷冻面包不容易烤通透，经常里面还是冷的，外皮却已经烤焦了。为了避免这种情形，可以先用微波炉半解冻冷冻面包，再放进烤面包机内加热。但还是要注意不可加热过久。

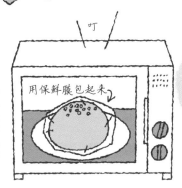

叮

用保鲜膜包起来

完整而大的冷冻面包

Q 没有烤箱
就不能做面包了吗?

A 电热铁板和平底锅
也能做面包。

使用料理器具烤面包
时应注意的事项

烤面包机

**重点是调节
太强的火力**

因为不能调节温度,所
以只能利用开关的切换
来调节。因为靠近热源
的地方很容易烤焦,所
以要多花点功夫,以铝
箔纸覆盖面团。

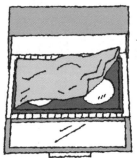

利用铝箔纸
防止烤焦

平底锅

电热铁板

也能用于发酵

因为有低温的设定,所以拿掉盖子
后,也可以用来让面团发酵。因为
火力比较弱,所以烤面包时要把面
团压薄,才容易烤通透。也可以用
来烤英国玛芬。

**盖盖子,
用小火慢慢烤**

一用强火就会烤焦,所以用平
底锅烤面包的重点是以小火慢
慢烤。平底锅比较适合烤扁平
形状的面包。

　　基本上做面包一定要有烤箱,但是依据种类,也可以使用烤面包机、平底锅、电热铁板等
器具。

注意时间或火力的调节

　　用这些器具烤面包时, 要特别注意的就是容易烤不均匀。若要烤得好,就要特别下功夫在
火力的调节上,或使用铝箔纸。

　　最近有很多使用电饭锅或蒸笼来做面包的食谱。还有,随着家庭用自制面包机普及,做面
包似乎变得像用电饭锅煮饭般容易。

　　多方尝试,并从中找到适合自己的方法,你也来享受做面包的乐趣吧!

Q 面包变硬之后，还能再吃吗？

A 做成料理或点心后，仍然可以品尝到美味。

最常见的再利用法，不外乎就是"法式吐司"了。

"法式吐司"的法文是"Pain perdu"，直译成中文的意思是"遗失或不要的面包"。把变硬的面包，用牛奶与蛋的混合液浸泡后，用涂了黄油的平底锅煎过，好吃到让人无法与冷硬面包做联想。

当做色拉或汤的食材，彻底享受其美味

法国面包等无油面包经常也是汤中的食材之一。另外，也会和蔬菜做组合，成为色拉料理中的食材。而可颂面包等加料面包因为含有浓厚的黄油，可作为派皮的替代材料，或成为奶油焗菜或法式咸派的底。

成为奶油焗菜或法式咸派的底座

把切成适当大小的面包铺在焗烤盅中，浇入白酱，撒上奶酪后放进烤箱烤，就变成了一道美味的奶油焗菜。

吸满了酱汁的面包怎么吃都吃不腻！

华丽的变身，成为汤的食材或派皮的材料

有饱足感的色拉

把撕碎的面包加入蔬菜色拉中，再混合色拉酱，份量感十足。放在冰箱冷藏半天后，面包更加入味，也更好吃！

和番茄、马苏里拉奶酪、罗勒的组合，非常值得推荐

西班牙冷汤中经常会加入面包

成为汤中的食材

和蔬菜浓汤或蔬菜汤一起吃，使汤汁更浓稠。冷了也很好吃。

Q 吃西餐里的面包时，
有特别的用餐礼仪吗？

A 品尝面包是
上菜空档时的享受。

主菜才是重点，
尽管面包再好吃，也不宜要太多

有节制地选择
1~2个面包

基本上一次拿1~2个面包。如果觉得不够，可以之后再追加。以西餐而言，面包是配角，大量取用是不合礼仪的举止。

选1~2个面包。

请给我这个和这个。

服务生送来面包后，在前菜之前开始食用。

在法国或意大利吃全餐料理时，在上前菜之前把面包吃完，是不合用餐礼仪的行为。

在使用全餐料理时，面包是用来转换口味的，而不是要让人吃饱的主菜，不能吃面包就饱了。

撕成小块后吃，不要在意桌上的面包屑

尽管喜欢面包，但是选用时还是一次拿1~2个就好，不要贪心。

服务生会直接把面包放在盘子或桌子上，吃的时候要撕成小块后，再送进口中。当服务生来问是否要追加面包时，如果肚子还吃得下，可以再取用1~2个。

不必在意桌上的面包屑，那是服务生的责任。

真好吃。

以手将面包撕成适口大小。

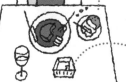

在每道料理之间
少量地食用

不要先把面包吃完，正确的吃法是一点点地吃。不要拿面包来沾剩下的汤或酱汁。

不必理会掉在桌上的面包屑，因为上甜点前，服务生会来清理桌面。

撕剩下的大块面包放回盘子里或桌子上。

如果附上的黄油是共享的，取少量放在自己的盘子内，再用刀子涂抹在撕下来的小块面包上吃。

Q BOULANGERIE 和 BAKERY 有什么不一样呢?

A 基本上都是 "面包店" 的意思。

美国或英国等英语系国家,面包店是"Bakery",面包是"Bread"。

各国称呼面包的语言不一样,面包店的说法自然也不相同。

从店名可以知道面包店的招牌面包吗?

经常可以从面包店的名字,了解到那个面包店的特色,例如以法国面包为主的面包店,会在店名上加入"Boulangerie"的字样,以卖德国面包为主的店,店名里会出现"Bäckerei"这样的德文。总之,从面包店的名字,大致就可以了解面包店擅长做哪一国的面包。

不同国家对"面包店"与 "面包"的称呼

在德国,面包店是"Bäckerei",面包是"Brot"。如果没有面包师的资格证,就不能开面包店。另外,丹麦对面包店与面包的称呼方法与德国一样。

在法国,面包店是"Boulangerie",面包是"Pain"。还有,如果不是在自己的店里做面包、烤面包,就算是卖面包,也不能以面包店自称。

Q 如何找到美味的面包店？

A 根据面包的种类，寻找自己喜欢的面包店吧！

找到美味面包店的要点

1 按照面包的种类挑选

丹麦面包在哪里？德国面包在哪里？根据自己喜欢的类别，试着找到想要的面包。

2 观察架上陈列的面包

从架子上面包的陈列方式，可以看出面包店对面包的用心。把容易碎裂的丹麦面包堆叠成山，或让许多面包同时挤在一个篮子里，这都是不好的陈列方式。

3 试吃推荐面包或单纯的面包

吐司或棍子面包等味道单纯的面包，最容易看出面包店的特色。这类面包就像店内的"重点面包"，浓缩着一家店的特征，所以一定要试吃看看。

　　就算是面包师傅，也不可能擅长制作每种面包。而且，因为每个人喜欢的口味不一样，很难只吃一口就认定某家一定是好吃的面包店。应该多加尝试，可能这家面包店的丹麦面包好吃，另一家的法国面包比较棒，从而找到适合自己口味的好吃面包店。

　　另外，观察面包店内面包的陈设方式，可以了解到面包店对面包用心的程度。

试吃味道单纯的面包，也是寻找到好吃面包店的方法之一

　　味道单纯的面包通常可以看出面包师傅的坚持与心意。不妨试吃下吐司或棍子面包等基本的用餐面包。

源自日本
常吃的甜面包&咸面包的小常识

从红豆面包、菠萝面包到咖喱面包，
介绍这些源自日本的面包。

红豆面包

从西洋传入的面包体搭配了日本传统的素材，于是产生了"红豆面包"。随着面包的普及化，红豆面包也有了属于自己的历史。

日本最早的国产点心面包

在日本的面包文化尚未普及的明治时代初期，于明治二年创业的木村屋（当时的文英堂）首次做出这样的面包。红豆面包使用酒种发酵，据说花了五年的时间，才研发成功。

四月四日要吃红豆面包

为了纪念 1875 年 4 月 4 日，日本明治天皇造访水户藩的郊外别馆时，木村屋献给天皇"樱花红豆面包"，从此便将 4 月 4 日订为"红豆面包日"。以盐渍八重樱作为点缀的樱花红豆面包，至今仍是木村屋的招牌面包，广受喜爱。

因为红豆馅而形成空洞？

馅料和面包体之间会有一个大空洞。因为烤的时候，馅料的水分变成水蒸气，而往上推挤面团，于是形成了空洞。如果不想有这样的空洞，只要在烤之前，在面团上加切痕，让水蒸气可以散掉就行了。

水蒸气往上推挤面团！

红豆馅

变化多端！各式各样的红豆面包

最近有许多面包店及厂商研发出各种类型的红豆面包，展现出面包师傅的用心。你一定能找到一种自己喜欢的红豆面包。

包入黄油和鲜奶油

压平后再烤，能够平均吃到红豆馅

将馅料卷起来的面包

菠萝面包

菠萝面包广受各个年龄层的人喜爱。但是关于它的起源与名字的由来，却众说纷纭，真的是相当不可思议的面包。

众说纷纭的名字由来

〈外观〉
因表面的裂痕和哈密瓜的外表相似（译注：菠萝面包的日语说法为"哈密瓜"面包）而得名。还有一说是：哈密瓜是名贵而受欢迎的水果，所以借哈密瓜之名。

〈谐音〉
因为表面有一层糖蛋白酥皮（meringue），谐音为Meronge，因近似Melon（哈密瓜）而得名。

〈材料〉
因面团中的白豆馅掺有哈密瓜糖浆，而有哈密瓜的香味，所以得名。

有申请过专利

日本昭和初期，东京的面包师傅三代川菊次，提出了"在面包上覆盖小麦点心"的制作专利。当时并没有使用到菠萝面包这样的名字，但可以肯定的是，当时日本已经有类似的面包了。

学习香港菠萝包的美味吃法

香港菠萝包的外形与菠萝面包相似，是上面有一层格子状饼皮的面包。切开热热的菠萝包，夹入黄油的吃法非常受欢迎。建议你也可以这样试试看！

日本关西的菠萝面包是否杏仁形的

菠萝面包表面除了格子花样，也有包奶油的菠萝面包。关西地区的菠萝面包大多是杏仁形状。另外，因为上面有一层饼干质地的糖蛋白酥皮，关西地区也叫作"日出面包"，在广岛县叫做"纺锤面包"。

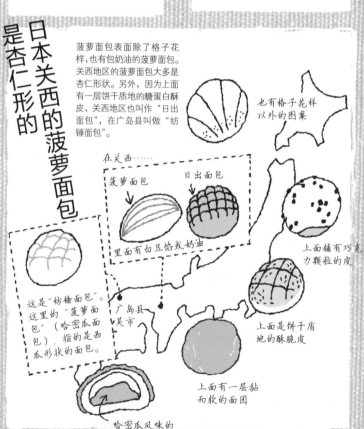

也有格子花样以外的图案

在关西……

菠萝面包

日出面包

里面有白豆馅或奶油

这是"纺锤面包"。这里的"菠萝面包"（哈密瓜面包），指的是西瓜形状的面包。

广岛县吴市

上面铺有巧克力颗粒的皮

上面是饼干质地的酥脆皮

上面有一层黏而软的面团

哈密瓜风味的奶油馅

巧克力奶油号角

有着可爱的外表与让人怀念的甜味，巧克力奶油号角的吃法很讲究，是拥有众多粉丝的点心面包。

「卷数」随着「时代而变化」？

用面包体当盖子的巧克力奶油号角。

巧克力奶油号角的面包形状，是三角形的螺旋锥状。至于螺旋的卷数，以前一般是5~6卷，最近也有9~10卷的巧克力奶油号角。以前会用羊皮纸来封住开口，但现在也有用面包体来当盖子的巧克力奶油号角。

名字由来

有一种说法是来自法语的"Corne"（角），另一种说法来自英语的"Cornet（短号）"，但不管何者正确，可以肯定的是巧克力奶油号角是源自明治时期的日式点心面包。

吃巧克力奶油号角的方法有很多，可以从较细的"尾巴"开始吃，也可以从"头"开始吃，找寻更加美味的吃法也是乐趣之一哦！

更加美味的吃法

step 1
撕下尾巴

step 2
沾满巧克力奶油

小心不要挤出巧克力奶油，从两端吃起

方形吐司

放在方形的模型里，盖着盖子烘烤出来的吐司。

一次可以烘烤出3斤吐司

重约600克的面团，可烤出1斤的方形吐司。而一个方形吐司模型，可以烤出三斤的吐司面包。因为一次就可以烤出大量的面包，被认为是战后日本吐司面包快速普及的原因之一。

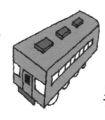

因为面包四方形的模样，和美国车厢制造商普尔曼公司做的车厢很像，所以有"普尔曼车厢面包"（pullman bread）的别名。

方形吐司有『普尔曼车厢面包』的别名

奶油面包

和红豆面包、菠萝面包一样，是日本非常重要的点心面包。内馅是风味十足的卡士达蛋奶酱。

原始形状是手套般的模样

奶油面包的形状起源为何，并没有一定的说法，有一种说法是，为了与其他面包做区别，当时从美国传到日本的棒球又大受欢迎，于是做出了棒球手套般有五个手指形状的面包。不过现在的奶油面包已发展出许多种形状。

圆顶形

变化版手套形

半月形

起源于对奶油馅的喜爱

想出奶油面包这个点子的人，是新宿中村屋的创业者相马爱藏。他第一次吃到泡芙的奶油馅时被惊艳到了，便想到可以用卡士达蛋奶酱代替红豆面包内的红豆馅，于是发展出奶油面包。

咖喱面包

可以说是熟菜馅面包的代表，也可以说是把从外国传入的食材与面包做出完美结合的食物。

充满了对西洋料理的憧憬

咖喱面包首次出现，是昭和初期的事。当时东京森下的面包店"Cattlea"（当时的"名花堂"）店主，用有弹性的面团包裹咖喱，然后放进油锅里炸，而成了咖喱面包。因为咖喱面包的点子来自炸猪排，所以被归类为"西餐面包"。

因健康因素而发展出非油炸型的咖喱面包

用法国面包的面团包入咖喱

在佛卡夏的面团上放蔬菜或咖喱食物

面包和咖喱都是拥有各种吃法的食品，所以咖喱面包当然也有多种的做法和形状。近年来人们愈来愈注重健康饮食，以烘烤取代油炸的咖喱面包已经不稀奇了。基于健康因素，口味较清爽的烘烤式咖喱面包很值得推荐。

用 语 解 说

解说关于制作面包或点心的专门用语

●糖霜（Icing）

点缀面包或点心的糖衣。以砂糖为主体，添加了水、乳制品、蛋、油脂、果汁、香料等等材料的食材，有非常多的种类。

●维也纳甜酥面包（Viennoiserie）

使用了黄油、蛋、牛奶、砂糖等副材料的面包的总称。因使用的副材料或形状不同，而有各种种类。

●法式开胃小点（Canapé）

在切成一口大小的面包上，或切片的法国面包上铺放奶酪、肉或蔬菜等食物的料理。在全餐料理中，经常被当做前菜或下酒菜。

●切痕（Coupe）

指面团进入烤炉前，用刀子划开面团表面的痕迹。因为有了切痕，面包表面上的龟裂变得整齐好看，帮助炉火烤透面包内部，使面包膨胀起来。

●外壳、外皮（Crust）

面包的表皮。有焦黄色泽，比较硬的外侧部分。对吐司来说，也称为"边"。

●面包心（Clam）

面包内侧柔软的部分。

●面包酱（Spread）

涂抹在面包或咸饼干上的"涂抹物"。依原料区分，有很多种类。

●丹麦油酥面团（Danish pastry）

把黄油折叠到发酵过的面团中。也是丹麦代表性点心面包的总称。

●杏仁膏（Marzipan）

以杏仁和砂糖为原料的膏状食物，砂糖含量多的叫"Marzipan"，杏仁含量多的叫"Romajipan"。

●无油面包（Lean bread）

以面粉、水、面包酵母、食盐为基本材料，几乎不添加砂糖、油脂、蛋、乳制品等副材料所做的面包。

●加料面包（Rich bread）

以面粉、水、面包酵母、食盐为基本材料，并且添加了大量砂糖、油脂、蛋、乳制品等副材料所做的面包。

参考文献

『おいしい天然酵母パンが丸ごとわかる本』（枻出版）
『「食」の雑学達人になる本』（旭屋出版）
『西洋たべもの語源事典』（東京堂出版）
『世界ぐるっと朝食紀行』（新潮社）
『日本食生活史』（吉川弘文館）
『パンの事典』（旭屋出版）
『パンの事典』（成美堂出版）
『毎日食べたいごちそうパン料理』（河出書房新社）
『メロンパンの真実』（講談社）
『焼きたてパンの図鑑』（主婦の友社）

从“喜欢面包”开始，
迈向更广大的面包世界

本书介绍了多种让面包生活变得更加丰富的点子。从搭配食材的吃法，到世界各地的少见面包，相信读者能从这些介绍中体会到更多面包的魅力。

这几年来，食用面包的风潮愈来愈盛，面包与我们的生活不仅比以前密切得多，人们也很容易就可以买到好吃的面包，或见到以前少见的面包，制作面包也成为在自家也办得到的事。因此，只是做面包、吃面包，已经不足以满足面包爱好者的心，人们想知道更多面包的吃法，及享受面包所带来的生活乐趣。

日本面包推广协会为了让更多人可以享受充满面包的丰富饮食生活，举办了各种活动。其中举办取得“面包推广师”资格的讲座，就是其中之一。而所谓的“面包推广师”，就是了解与面包有关的种种丰富知识，并且取得资质的人。在日本面包推广协会所举办的讲座中，参加者能实际地观察面包的外观、品尝面包的味道，并且从“吃的立场”，多角度地了解面包，更加了解和面包有关的知识、知道怎么样让面包更好吃、享受面包带来的生活乐趣等等。

看了本书之后，想进一步了解面包、面包的吃法及乐趣的人，都欢迎来参加这样的讲座。

期待本书能成为各位想迈入广阔的面包世界的开端。

2010 年 1 月
日本面包推广协会

照片提供／日本面包推广协会

关于上述讲座、活动，及面包推广师资质的信息，请洽询：
日本面包推广协会（JPCA）
官网：jpca.na.jp／电话：03-6913-8555

【作者】

日本面包推广协会（JPCA）
稻垣智子/细谷知子

日本面包推广协会旨在倡导"面包带来的丰富生活"。为了达到这样的目的，推广协会策划、举办了种种研讨会活动，让更多的人了解与面包有关的知识及面包的吃法，享受面包带来的生活乐趣。此外，协会也推出取得"推广师"认证资格（财团法人日本休闲文化会［管辖单位：日本文部省］认定）的课程，从喜欢吃面包者的观点，提出扩展吃面包的方法、享受面包乐趣的方法。

【提供与制作面包料理食谱】

更家友美（面包推广师、面包专家）

从事教导人们认识面包的魅力、开发吃面包的乐趣、研究料理面包的工作。经常参与面包商品的企划、开发新的面包食谱、指导料理面包的活动，著有《每天都想吃，看起来很好吃的面包料理》（河出书房新社）。

【采访协助】

Jensen 面包 / EATALY 代官山店 / 今桥那绪 / 纪伊国屋 International / Queen Sheba / Sandoriyon / 日本星巴克咖啡株式会社 / Tanne 德国面包 / Douce France（Bigot 东京）/ 包包 / Boulangerie La Terre

快读·慢活®

《你不懂咖啡》

咖啡爱好者入门必读经典！

喜欢喝咖啡的你，真的了解咖啡吗？从一颗粗粝的咖啡豆到一杯美味的咖啡，中间隐藏了多少让我们万万想不到的秘密呢？

"全日本咖啡协会会长奖"得主石胁智广，化身理性、专注又不失风趣的科学怪人，带你穿过咖啡的表面，去探究隐匿在现象背后的成因，品咂工序细节里的趣味，在异彩纷呈的咖啡世界里为你精准导航，从产地品种的"冷知识"、烘焙萃取的"微原理"到各类咖啡器具的使用诀窍，甚至连小小的包装袋也一点点抽丝剥茧、娓娓道来，是一本真正有料、有趣还有范儿的咖啡知识百科。

无论你是爱喝咖啡的人，还是想开咖啡馆、当咖啡师的人，这本书都是必读的入门首选！

快读·慢活®

《你不懂葡萄酒》

有料、有趣、还有范儿的葡萄酒知识百科

　　醒酒究竟有没有必要呢？居然能用"猫尿"来形容葡萄酒的味道？品酒时该如何形容葡萄酒的香气？葡萄酒的年份真的是绝对的吗？一杯葡萄酒里究竟蕴含着多少知识与秘密？

　　日本一流侍酒师，教你喝懂葡萄酒！本书严选10种世界知名的葡萄品种，配上丰富手绘插图，介绍这10种葡萄的历史背景、产区、味道、个性，以及酿成葡萄酒后的风味特色、佐餐方式以及侍酒法等，带你探索香醇甜美的葡萄酒世界。

　　翻开本书，细细品读，你将更加懂得葡萄酒的乐趣与美好。

快读·慢活®

《你不懂茶》

茶文化入门必读经典

哪种日本茶最能放松身心？什么样的红茶适合做奶茶？花草茶有哪些功效？世界最有名的中国红茶是哪款？如何泡一壶好喝的茶？在家如何制作冰红茶？……

日本资深茶艺师带你走进茶的清新世界。无论你喜欢绿茶、红茶、花草茶，还是奶茶，在这里你都能找到关于它们的内容。

本书教你从认识茶叶开始，进而学习如何冲泡一壶好茶。从茶的历史、拿捏泡茶的时间、认识茶具以及其他饮品、茶点的搭配，让大家与茶有着更多美丽的邂逅。以现代的美学视野，为茶的传统文化注入新的生命泉源。

愿读完本书的你能更精心地将茶道融入日常生活之中，让茶艺不再是遥不可及的知识，而能够在生活中信手拈来，以茶入生活。

快读·慢活®

《你不懂巧克力》

有料、有趣、还有范儿的巧克力知识百科

甜蜜又略带苦涩的巧克力，是爱情的象征，也是最受人们喜爱的食品之一。然而，你究竟对它了解多少呢？

它的原料是什么？是如何被制作出来的？传闻中的"巧克力工坊"现实中长什么样子？

它最初的产地在哪儿？又是如何风靡全世界的？

与巧克力有关的名人、故事、文学、电影作品有哪些？

……

本书满载巧克力的小百科知识，用图解的方式，以词典的形式，囊括巧克力的历史、相关名人、原料、制作方法、品鉴方法、品牌、职业等。极富趣味性地解读和巧克力有关的 443 个词汇，让喜爱巧克力的你，享受更丰富、更有味道的巧克力人生。

快读·慢活®

　　从出生到少女，到女人，再到成为妈妈，养育下一代，女性在每一个重要时期都需要知识、勇气与独立思考的能力。

　　"快读·慢活®"致力于陪伴女性终身成长，帮助新一代中国女性成长为更好的自己。从生活到职场，从美容护肤、运动健康到育儿、家庭教育、婚姻等各个维度，为中国女性提供全方位的知识支持，让生活更有趣，让育儿更轻松，让家庭生活更美好。